U0288589

内容简介

本教材紧密结合中华人民共和国教育部最新制定的《中等职业学校计算机应用基础教学大纲》（2012年版）的教学要求，打破传统的编写体例，以就业岗位为情境，以案例为主线，结合现代计算机应用基础的最新发展编撰完成。

本教材以 Windows 7 操作系统和 Office 2010 办公软件安排 6 个教学单元，共 29 个案例。第一单元：认识计算机，通过搭建计算机工作平台、认识键盘和鼠标、文字录入 3 个案例，介绍计算机技术的发展及趋势；第二单元：操作系统 Windows 7，通过设置个性化工作环境、管理我的资源、保护我的计算机、使用 Windows 7 附件 4 个案例，介绍计算机的硬件与软件系统组成以及计算机主要部件的作用；第三单元：使用因特网（Internet），通过接入因特网、获取网络信息、收发电子邮件、使用网络软件、网络服务应用 5 个案例，介绍因特网的基本概念、提供的服务和常用接入方式及相关设备；第四单元：使用文字处理软件 Word 2010，通过编排公司规章制度、制作公司简报、制作公司产品销售业绩表、制作新产品发布宣传广告、制作"网购机票登机"流程图、应用 SmartArt 图形制作公司组织结构图、完善"新能公司组织结构图.docx"文档、制作新能公司销售情况图表 8 个案例，指导学生掌握 Word 2010 文档的基本操作、文档的格式化、表格操作、图文混排和打印输出等技能；第五单元：使用电子表格软件 Excel 2010，通过创建企业员工信息表、制作企业员工工资统计表、销售部销售业绩表、分析企业产品销售表、打印企业产品销售报表 5 个案例，指导学生掌握 Excel 2010 软件的基本操作、电子表格的格式化、数息处理、数据分析和打印输出等技能；第六单元：使用 PowerPoint 2010 制作演示文稿，通过创建企业简介演示文稿、丰富企业简介演示文稿的内容、美化人才招聘演示文稿、播放企业年会演示文稿 4 个案例，指导学生掌握 PowerPoint 2010 软件的基本操作、修饰演示文稿、编辑演示文稿和放映演示文稿等技能。

本教材可作为各类职业学校学生计算机应用基础的教材，也可作为办公自动化课程的教学用书或各类计算机培训班教材。

中等职业教育农业部规划教材

>>>> 办公软件应用实训教材

计算机应用基础案例教程

Windows 7+Office 2010

邓泽国　周维京　主编

中国农业出版社

编 审 人 员

主　编　邓泽国　辽宁省朝阳工程技术学校

　　　　周维京　广东省惠州工程技术学校

副主编　贾兴华　辽宁省朝阳工程技术学校

　　　　周　云　四川省水产学校

参　编　曾延松　贵州省畜牧兽医学校

　　　　陆国军　广西桂林农业学校

　　　　李晓明　太原生态工程学校

　　　　潘　红　四川省水产学校

　　　　高广林　甘肃省定西市临洮农业学校

　　　　杨　洋　广东省惠州工程技术学校

　　　　孙　闯　广东省惠州工程技术学校

审　稿　杨子林　河南省南阳农业学校

根据中等职业教育计算机应用基础的学习目标和职业学校学生的认知特点，本教材打破传统的编写体例，以就业岗位为情境，将29个实用操作案例融入其中，让学生在完成案例的同时习得知识，掌握技能。岗位情境可以使学生快速掌握知识和应用技能，有利于学生适应社会的需要。通过对案例的实际操作，学习相关知识、基本技能和技巧，让学生始终保持学习兴趣，充满成就感，享受探索的乐趣，充分体现了我国教育学家陶行知先生"教学做合一"的教育思想。

本教材在编写形式上，按照职业教育教材改革的最新思想进行安排。以案例为主线，以企业岗位定位案例情境，全面培养学生的实际操作能力和工作适应能力。本教材共6个单元，包括29个具有很强代表性、典型性和实用性的案例，这种案例教学法，以应用为目的，以任务来驱动，既有简洁的理论知识，又有准确的任务描述，还有图文对应、清晰明了的操作步骤。通过本教材的学习，可以迅速掌握 Windows 7 操作系统和 Office 2010 办公软件的使用方法。

为加深理解，巩固在案例中所学的知识技能，每个案例后都精心设计了"活学活用"，以提高学生应用所学知识和技能的能力。为方便学习形码的读者，本教材在附录中安排了五笔字型输入法。

本教材由邓泽国、周维京主编，贾兴华、周云任副主编，由杨子林审稿。其中，第一单元由李晓明编写，第二单元由曾延松编写，第三单元由陆国军、杨洋编写，第四单元由邓泽国、周云编写，第五单元由周维京、孙闯编写，第六单元由周云、潘红编写，贾兴华对全教材的情境和语言进行了精心编排，高广林负责制作课件，邓泽国、周维京统稿。

本教材配有案例素材和多媒体电子课件（PPT）等数字资源方便教师教学，

请到中国农业出版社官方网站（http：//www.ccap.com.cn），输入本教材书名或书号免费下载，也可联系编辑获取（QQ：84858186），并规划在教材不断完善的过程中配备试题库、教学视频等数字资源。

由于计算机技术发展速度迅猛，计算机教材的内容相比传统学科要求不断改革，及时更新，我们迫切希望使用本教材的广大教师和学生提出宝贵意见和建议，以便进一步完善本教材。

编　者

2014 年 7 月

目录

1

第三单元　使用因特网(Internet)

第四单元　使用文字处理软件 Word 2010

3

第五单元　使用电子表格软件 Excel 2010

第六单元　使用 PowerPoint 2010 制作演示文稿

第一单元 认识计算机

随着计算机技术的快速发展，计算机已经是现代社会各行各业必不可少的应用工具，能够熟练使用计算机是现代社会工作与生活的基本技能。要想掌握和使用计算机，首先需要学习计算机的基础知识。本单元主要学习计算机的发展历史和未来的发展动向，学会搭建合乎要求的计算机工作平台并掌握最基本的键盘及鼠标的操作，使同学们具有一定的中文录入能力。

计算机入门预备知识

案例一　搭建计算机工作平台

案例二　认识键盘和鼠标

案例三　文字录入

计算机入门预备知识

计算机（Computer）俗称电脑，是一种智能化电子设备，它可以进行数值运算和逻辑处理，具有存储记忆功能，能够按照事先存储的程序，自动、高速地处理海量数据。

计算机是 20 世纪最先进的科学技术发明之一，对人类的生产和社会活动产生了极其重要的影响，并以其强大的生命力飞速发展。它的应用领域从最初的军事科研应用扩展到现在社会的各个领域，已经形成了规模巨大的计算机产业，带动了全球范围的技术进步，由此引发了深刻的社会变革。现在，计算机已遍及学校、企事业单位，进入寻常百姓家，成为信息社会必不可少的工具。

一、了解计算机的发展及分类

今天，没有人不知道乔布斯和苹果公司（Apple Store），在苹果公司创办发展的 30 多年里，其尖端科技一直处在时代的前沿，引导着行业的发展方向，从把电视机作为显示器的 Apple Ⅰ，到 1977 年人类历史上第一台个人电脑 Apple Ⅱ，再到今天的苹果电脑、iPhone、iPad、iPod 等，苹果每一代产品的更新都带来计算机行业的一场革命。那么，此前的计算机又是什么样的呢？下面我们就来完整地学习计算机的发展历史、分类和发展趋势。

（一）计算机发展历史

计算机全名称为电子数字计算机。1946 年 2 月 14 日，由美国军方定制的第一台电子计算机"电子数字积分计算机"（Electronic Numerical Integrator and Calculator，ENIAC）在美国宾夕法尼亚大学问世。ENIAC 是为满足计算弹道需要而研制制成的。这台计算机使用了 18000 个电子管，占地 $167m^2$，重 30t，功率为 150kW，每秒运算 5000 次，如图 1-0-1 所示。ENIAC 的问世具有划时代的意义，表明了电子计算机时代的到来。在以后的近 70 年里，计算机以惊人的速度发展，如 2012 年上市的 Intel i5 处理器 Core i5-3450 元件集成度超过 10 亿支晶体管，核心面积为 $90mm^2$，重量几乎可以忽略，功率不到 100W，而运算速度高达每秒上百亿次，性能比 ENIAC 提高了几千万倍，如图 1-0-2 所示。

图 1-0-1　ENIAC 计算机

图 1-0-2　Core i5-3450

按元器件的发展，电子计算机从诞生到现在大致经历了以下 4 个阶段：

3

1. 第一代：电子管计算机（1946—1957 年）　逻辑元件采用电子管，主存储器采用磁鼓、磁芯，外存储器采用磁带，如图 1-0-3 所示。软件采用机器语言、汇编语言，应用领域以军事和科学计算为主。特点是体积大、功率高、可靠性差、速度慢、价格昂贵。

2. 第二代：晶体管计算机（1958—1964 年）　这一代计算机采用晶体管基本元件，体积与功耗比第一代有所缩小和降低，如图 1-0-4 所示，运算速度可以达到每秒十几万次至几十万次。除了用作科学计算、数据处理外，也开始用于事务管理。使用计算机的范围也不再限于军队、政府和科研机构。

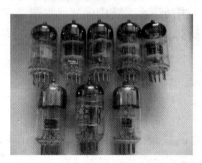

图 1-0-3　电子管

图 1-0-4　晶体管

3. 第三代：中小规模集成电路计算机（1965—1970 年）　把晶体管、电阻、电容等电子元件焊接在一块半导体硅片上去承担某种功能，这就是集成电路。这一代计算机开始采用中小规模的集成电路块为元件，体积和功率进一步缩小和降低，运算速度达到每秒几百万次至几千万次。计算机软件系统基本形成。计算机生产系列化，使用范围更加广泛，应用范围开始普及到中小企业和家庭。

4. 第四代：大规模、超大规模集成电路计算机（1971 年至今）　随着集成电路规模越来越大，这一代计算机普遍采用大规模、超大规模集成电路块作为元件，其体积和功率继续缩小和降低，运算速度迅速提高到每秒以亿次计。计算机软件品种丰富，计算机应用领域和范围大幅度扩大，并和通信相结合，开始出现计算机网络。现在人们普遍使用的计算机都属于第四代计算机。

（二）未来计算机发展趋势

从第一台计算机产生至今的半个多世纪里，计算机的应用不断拓展，类型不断分化，计算机的发展也朝不同的方向延伸。当今计算机技术正朝着巨型化、微型化、网络化和智能化方向发展。

1. 巨型化　指计算机具有极高的运算速度、大容量的存储空间、更强大和完善的功能，主要应用于航空航天、军事、气象、人工智能、生物工程等学科领域。

2. 微型化　指微型计算机的体积不断缩小。这是大规模及超大规模集成电路发展的必然结果。从第一块微处理器芯片问世以来，它的运算速度越来越快，芯片集成度越来越高，所完成的功能越来越强，使计算机微型化的进程和普及率越来越快。

3. 网络化　是计算机技术和通信技术紧密结合的产物。尤其进入 20 世纪 90 年代以来，随着 Internet 的飞速发展，计算机网络已广泛应用于政府、学校、企业、科研机构、家庭等领域，越来越多的人接触并了解了计算机网络。计算机网络将不同地理位置上具有独立功能的不同计算机，通过通信设备和传输介质互连起来，在通信软件的支持下，实现网络中的计算机之间共享资源、交换信息、协同工作的功能。计算机网络的发展水平已成为衡量国家现代化程度的重要指标，在社会经济发展中发挥着极其重要的作用。

4. 智能化 让计算机能够模拟人类的智力活动，包括学习、感知、理解、判断、推理等能力，具备理解自然语言、声音、文字和图像的能力，具有语言功能，使人机能够使用自然语言直接对话。它可以利用已有的和不断学习到的知识，进行思维、联想、推理，并得出结论，能解决复杂问题，具有汇集记忆、检索有关知识的能力。

从电子计算机的产生及发展可以看到，目前计算机技术的发展都是以电子技术的发展为基础的。随着高新技术的研究和发展，计算机新技术的开发和利用必将成为未来计算机发展的新趋势。未来计算机将有可能在光子计算机、生物计算机、量子计算机等方面的研究领域上取得重大的突破。

（三）计算机分类

1. 按信息的表示方式分类

（1）数模混合计算机。数字模拟混合式电子计算机综合了数字和模拟两种计算机的优点。它既能处理数字量，又能处理模拟量。但是这种计算机结构复杂，设计困难。

（2）模拟计算机。模拟式电子计算机是用连续变化的模拟量即电压来表示信息，其基本运算部件是由运算放大器构成的微分器、积分器、通用函数运算器等运算电路组成。模拟式电子计算机解题速度极快，但精度不高、信息不易存储、通用性差，它一般用于解微分方程或自动控制系统设计中的参数模拟。

（3）数字计算机。数字式电子计算机是用不连续的数字量即"0"和"1"来表示信息，其基本运算部件是数字逻辑电路。数字式电子计算机的精度高、存储量大、通用性强，能胜任科学计算、信息处理、实时控制、智能模拟等方面的工作。人们通常所说的计算机就是指数字式电子计算机。

2. 按应用范围分类

（1）专用计算机。专用计算机是为解决一个或一类特定问题而设计的计算机。它的硬件和软件的配置依据解决特定问题的需要而定，并不求全。专用计算机功能单一，配有解决特定问题的固定程序，能高速、可靠地解决特定问题。一般在过程控制中使用此类计算机。如控制轧钢过程的轧钢控制计算机，计算导弹弹道的专用计算机等。

（2）通用计算机。通用计算机是指各行业、各种工作环境都能使用的计算机，如学校、家庭、工厂、医院、公司，平时我们购买的品牌机、兼容机也是通用计算机。通用计算机不但能办公，还能进行图形设计、制作网页动画、上网查询资料等。

3. 按规模和处理能力分类

（1）巨型机（Supercomputer）。巨型机也称为超级计算机，采用大规模并行处理的体系结构，是运算速度最快、体积最大、价格最昂贵的主机。运算速度每秒可达千万亿次，主要用于尖端科学研究领域。如我国的"银河""天河"系列计算机就属于巨型机，如图1-0-5所示。巨型机的研制、开发和应用，已成为一个国家经济实力、科学技术水平发展的重要标志。

图1-0-5 "天河二号"巨型机

（2）大型机（Mainframe）。又称为大型主机、主机等，是一系列计算机及与其兼容或同等级的计算机。它运算速度快、处理能力强、存储容量大、功能完善，主要用于大量数据和关键项目的计算，如图 1-0-6 所示。如银行金融交易及数据处理、人口普查、企业资源规划等。

（3）小型机（Minicomputer）。20 世纪 60 年代开始出现一种供部门使用的计算机，如图 1-0-7 所示。它的规模较小、结构简单、成本较低、操作简便、维护容易，能满足一般的工作要求，可供中小企事业单位使用。如美国 DEC 公司的 VAX 系列、富士通的 K 系列、"太极"系列计算机等，都属于小型计算机。近年来，小型计算机逐渐被高性能的服务器取代。

图 1-0-6　IBM 大型机

图 1-0-7　IBM 小型机

（4）工作站（Workstation）。20 世纪 70 年代后期出现了一种新型的计算机系统——工作站，如图 1-0-8 所示。它配有大屏幕显示器和大容量存储器，有较强的网络通信能力，主要适用于计算机辅助设计（Computer Aided Design，CAD）、计算机辅助制造（Computer Aided Making，CAM）和办公自动化等领域，如美国 SUN 公司的 SUN-3、SUN-4。

（5）微型机（Microcomputer）。微型计算机又称为个人计算机或个人电脑，如图 1-0-9 所示。这类计算机面向个人、家庭、学校等，应用范围十分广泛。它由微处理器、半导体存储器和输入、输出接口等芯片组成，因此其体积更小、价格更低、通用性更强、可靠性更高、使用更加方便。

图 1-0-8　Dell 工作站

图 1-0-9　微型计算机

二、了解计算机的特点及应用

（一）计算机的主要特点

1. 运算速度快　计算机的运算速度（处理速度）是计算机的一个重要性能指标，通常用每秒执行定点加法的次数或平均每秒钟执行指令的条数来衡量，其单位是每秒执行的指令数（Million Instructions per Second，MIPS），即每秒百万条指令。

目前，计算机的运算速度已经由早期的每秒几千次发展到现代的几十个 MIPS，巨型计算机可达到千万个 MIPS。计算机如此高的运算速度是其他任何计算工具都无法比拟的，这极大地提高了人们的工作效率，使许多复杂的工程计算能在很短的时间内完成。尤其在时间响应速度要求很高的实时控制系统中，计算机运算速度快的特点更能够得到很好的发挥。

2. 计算精度高 精度高是计算机又一显著的特点。在计算机内部数据采用二进制表示，二进制位数越多表示数的精度就越高。目前计算机的计算精度已经能达到几十位有效数字，从理论上说，随着计算机技术的不断发展，计算精度可以提高到任意精度。

3. 具有强大的记忆功能 计算机的记忆功能是由计算机的存储器完成的。存储器能够将输入的原始数据、计算的中间结果及程序保存起来，在计算机系统需要的时候反复调用。记忆功能是计算机区别于传统计算工具最重要的特征。

随着计算机技术的发展，计算机的内存容量已经达到几千兆甚至上万兆。而计算机的外存储容量更是越来越大，目前一台微型计算机的硬盘容量可以达上百 GB 甚至几个 TB。计算机所能存储的信息也由早期的文字、数据、程序发展到如今的图形、图像、声音、影像、动画、视频等数据。

4. 具有逻辑判断能力 计算机的运算器除了能够进行算术运算，还能够对数据进行比较、判断等逻辑运算。这种逻辑判断能力是计算机处理逻辑推理问题的前提，也是计算机能实现信息处理高度智能化的重要因素。

5. 能实现自动控制 计算机的工作原理是"存储程序控制"，就是将程序和数据通过输入设备输入并保存在存储器中，计算机执行程序时按照程序中指令的逻辑顺序自动地、连续地把指令依次取出来并执行，这样执行程序的过程无需人为干预，完全由计算机自动控制执行。

（二）计算机的应用

1. 科学计算 科学计算是计算机应用的一个重要领域，早期的计算机主要用于科学计算，如高能物理、工程设计、地震预测、气象预报、航天技术等。由于计算机具有高运算速度和精度以及逻辑判断能力，因此出现了计算力学、计算物理、计算化学、生物控制论等新的学科。

2. 过程控制 利用计算机对工业生产过程中的某些信号自动进行检测，并把检测到的数据存入计算机，再根据需要对这些数据进行处理，这样的系统称为计算机检测系统。特别是仪器仪表引进计算机技术后所构成的智能化仪器仪表，将工业自动化推向了一个更高的水平。

3. 信息管理 信息管理是计算机应用最广泛的一个领域。利用计算机来加工、管理、操作任何形式的数据资料，如企业管理、物资管理、报表统计、账目计算、信息情报检索等。近年来，国内许多机构纷纷建设自己的管理信息系统（Management Information System，MIS）；生产企业也开始采用制造资源规划软件（Material Requirement Planning，MRP）；商业流通领域则逐步使用电子信息交换系统（Electronic Data Interchange，EDI），即所谓无纸贸易。

4. 辅助系统

（1）辅助功能。用计算机进行 CAD、CAM、辅助教学和辅助性能测试。

7

（2）经济管理。国民经济管理，企业经济信息管理，计划与规划，分析统计，预测、决策，物资、财务、劳资、人事等管理。

（3）情报检索。图书资料、历史档案、科技资源、环境等信息检索自动化。

（4）自动控制。工业生产过程综合自动化，工艺过程最优控制，武器控制，通信控制，交通信号控制。

（5）模式识别。应用计算机对一组事件或过程进行鉴别和分类，它们可以是文字、声音、图像等具体对象，也可以是状态、程度等抽象对象。

5. 人工智能　用计算机来模拟人的思维判断、推理等智能活动，开发具有人类某些智能的应用系统，使计算机具有自主学习、适应和逻辑推理的功能，如计算机推理、智能学习系统、专家系统、机器人等，帮助我们学习和完成某些推理工作。

三、计算机系统组成及性能指标

不同的行业有不同的应用要求，对计算机的性能需求也各不相同。计算机的整体性能是由组成计算机的各组成部分决定的。下面我们就来了解一台完整的计算机系统是由哪些部分组成的，有哪些主要的性能指标。

（一）计算机系统组成

一个完整的计算机系统包括硬件系统和软件系统两大部分，如图1-0-10所示。

计算机硬件系统是指构成计算机的所有实体部件的集合，通常都是看得见摸得着的，是计算机进行工作的物质基础，也是计算机软件发挥作用、施展其技能的舞台。

计算机软件系统是指在硬件设备上运行的各种程序和文档，所谓程序是我们用来指挥计算机执行各种动作以便完成指定任务的指令集合。计算机处理的工作复杂，因而指挥计算机工作的程序也是庞大而复杂的，有时还要对程序进行修改与完善。因此，为了便于阅读和修改，必须对程序做必要的说明或整理

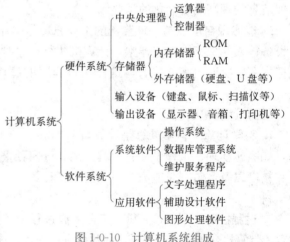

图1-0-10　计算机系统组成

出有关的资料，这些说明或资料称为文档。这些文档在计算机执行过程中可能是不需要的，它主要是方便我们阅读、修改、维护和交流。

（二）计算机性能指标

一台微型计算机功能的强弱或性能的好坏，不是由某项指标来决定的，而是由它的系统结构、指令系统、硬件组成、软件配置等多方面的因素综合决定的。但对于大多数普通用户来说，可以从以下几个指标来大体评价计算机的性能。

1. 运算速度　计算机的运算速度是指计算机每秒执行的指令数，单位为每秒百万条指令（MIPS）或每秒百万条浮点指令（MFPOPS）。它们都是用基准程序来测试的。

2. 中央处理器的主频　指计算机的时钟频率。它在很大程度上决定了计算机的运算速

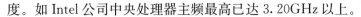

度。如 Intel 公司中央处理器主频最高已达 3.20GHz 以上。

3. 字长　中央处理器进行运算和数据处理的最基本、最有效的信息位长度。个人计算机的字长，已由 8088 的准 16 位（运算用 16 位，I/O 用 8 位）发展到现在的 32 位、64 位。

4. 存取速度　一般用内存的存取时间衡量，即每次与中央处理器间数据处理耗费的时间，以纳秒（ns）为单位。目前大多数 SDRAM（同步动态随机存储器内存芯片）内存芯片的存取时间为 5、6、7、8 或 10ns。

5. 存储容量　存储容量一般用字节（Byte）数来度量。PC 机的内存储器已由 286 计算机配置的 1MB，发展到现在 4GB，甚至 8GB 以上。内存容量的加大，对于运行大型软件十分必要，否则会使系统整体性能大幅下降。硬盘等外存储器的容量现在更是达到几百 GB 甚至几个 TB。

除了上述这些主要性能指标外，微型计算机还有其他一些指标，如所配置外围设备的性能指标以及所配置系统软件的情况等。另外，各项指标之间也不是彼此孤立的，在实际应用时，应综合考虑，而且还要遵循"性能价格比"的原则。

案例一　搭建计算机工作平台

张明来到公司顶岗实习，被分配到企业人力资源部做一名文职人员，因公司事务繁杂，常常会有很多任务需要带回家处理。为了能够做好自己的工作，张明决定购买一台计算机。因经常要处理文字、表格、图片和视频，所以需要中档以上的配置，又考虑到经济条件的限制，张明放弃了购买品牌机的想法，决定自己选购部件组装计算机。下面我们就跟着张明一步步完成计算机工作平台的搭建。

一、组装计算机硬件

组装计算机，首先需要根据计算机的用途确定其性能指标，然后选择合适的部件。选购时，一般先选择核心设备，再在此基础上扩展外围设备，之后还要安装和调试，若出现问题需要及时解决。

（一）选购计算机核心部件

1. 选择中央处理器　中央处理器（CPU）由运算器和控制器组成，运算器主要负责各种运算操作如算术运算、逻辑运算、逻辑判断等，控制器的主要工作是协调和指挥整个系统的操作。

在整个计算机系统中，应最先选购 CPU，之后再确定主板、内存等其他部件。目前，无论是 Intel 平台还是 AMD 平台，在软件上都能兼容，但不同的平台对主板的要求不一样。张明的主要工作是办公应用，出于自身爱好，也经常处理二维图形，大部分的渲染运算是靠 CPU 完成的，所以对其运算能力（尤其是浮点运算能力）有较高的要求。

经过对比挑选，张明选用了 Intel Core i5-4570，如图 1-1-1 所示。这是一款原生四核四线程的 CPU，产品基于最新的 Haswell 架构，新的指令集 AVX2 使其具有更强的多媒体图形处理能力以及更流畅的应用程序体验，显著提升了处理器的浮点计算性能。除此之外，还在 CPU 内部整合了 FIVR 电压调节模块，使得 CPU 内核的供电更加精准，并带来更纯净的供电电流，提升供电效率，实现更高效的能效控制。

2. 选择主板　主板是系统中所有硬件连接的核心设备，主板上提供了 CPU、内存、声卡、显卡等插槽，同时通过信号线连接硬盘、光驱等设备。选购主板时首先应注意主板芯片组的选择，不同芯片组支持不同的 CPU，其次要与其他所选部件配合和谐，不要过高，不要过低，遵循"够用就好"原则。最后，由于主板连接了计算机的所有核心设备，所以主板的性能和稳定性会对整个系统产生直接影响。

最终，张明决定采用技嘉 B85-HD3 主板，如图 1-1-2 所示。这款主板采用 Intel B85 芯片组，支持所有四代 i 系列处理器，集成 Realtek ALC892 8 声道音效芯片，板载千兆网卡，提供 4 条 DDR3 插槽，两条符合 PCI-E3.0 标准的显卡插槽，2×SATA Ⅱ 接口和 4×SATA Ⅲ 接口，另有丰富的 USB2.0、USB3.0、HDMI、DVI 等接口。独有的双 BIOS 技术、四相供电模式等可保证系统的安全与稳定。良好的售后服务再加上提供 4 年质保，性价比极高。

图 1-1-1　Intel Core i5-4570

图 1-1-2　技嘉 B85-HD3 主板

3. 选择内存　内存是计算机中重要的部件之一，用于暂时存放 CPU 中的运算数据并与硬盘等外部存储器交换数据。计算机中所有的程序都是在内存中运行的，因此内存的性能对计算机影响非常大。选用高品质、大容量的内存，可提高计算机的整体性能。

对张明来说，图形渲染运算过程中的数据，如果可以放在内存中直接使用，比不停从硬盘上读取速度要快得多。所以，较大的内存空间可以保证内存容量不会成为系统性能的瓶颈。最后，张明选择了一条可享受终生质保的金士顿骇客神条 8GB DDR3 1600，如图 1-1-3 所示。

4. 选择硬盘　硬盘一般位于机箱内部，但却是计算机最重要的外部存储器，用来存储暂时不用的信息，系统断电后数据不会丢失。

图形和视频文件会占用大量的磁盘空间，如果加上各种处理软件所产生的源文件、临时文件等，占用的空间会更大，这对计算机的硬盘容量有较高的要求。为兼顾一定的速度，张明选用了希捷 1TB 的硬盘，如图 1-1-4 所示。它的 SATA3.0 接口速率可达 6Gb/s，转速为 7200r/min，64MB 的缓存不仅可以大大减少数据读写的时间以提高硬盘的使用效率，同时还可以让硬盘减少频繁的读写，使用起来更加安静，更加省电。

图 1-1-3　DDR3 内存条

图 1-1-4　ST1000DM003 硬盘

5. 选购显卡　显卡作为计算机主机里的一个重要组成部分，分担 CPU 图形显示渲染的任务，能够有效减少 CPU 的计算压力，其价格从几百元到几千元不等。面对众多的品牌和产品，应根据自己的需要进行选择，同时考虑品牌和口碑。

张明最终确定选用的是蓝宝石 HD7770 2GB GDDR5 白金版显卡，如图 1-1-5 所示。该款显卡采用的是 Cape Verde Pro 核心，显卡的主频达到了 1GHz，支持最新的 DX11.1 特效显示，2GB/128bit 的显存配置可以流畅地运行大多数软件，用料上使用了全固态电容与封闭式电感，在保证显卡电气性能获得提升的同时也降低了电子元件的发热量，其散热器的设计配合大口径的单风扇，保证了显卡在长时间使用的时候保持低温和安静。

图 1-1-5　HD7770 2GB GDDR5 白金版显卡

6. 选购显示器　显示器是计算机的基本输出设备，它可以分为 CRT、LCD 等多种。它是一种将一定的电子文件通过特定的传输设备显示到屏幕上再反射到人眼的显示工具。张明在选购计算机显示器时对图形有一定的要求，但图像处理并不是张明的专业，所以选择一款中端 LCD 即可。他选择的是 AOC I2269VW 显示器，如图 1-1-6 所示。该款显示器采用了主流的 16∶9 屏幕比例，灰阶响应时间为 6ms，可视角度为 178°，亮度：250cd/m^2。

图 1-1-6　AOC I2269VW 显示器

（二）选购计算机其他部件

1. 选择机箱、电源　机箱提供主板、电源、硬盘驱动器等设备的空间，各种设备通过机箱内部的支撑、夹子等连接部件将各种部件固定起来，形成一个整体，它坚实的外壳保护着计算机里的各种设备，起着防尘、防压等作用。一台好的机箱首先做工精细，边缘部分圆滑，没有毛刺，其次用料扎实，手感沉重，最重要的是内部空间充足，规划合理。

张明最终选择金河田升华零辐射版机箱，如图 1-1-7 所示，金河田升华零辐射版机箱整

11

体外观简约大方、气质稳重，使用 SECC（电解亚铅镀锌）镀锌钢板打造，具有强度高、耐腐蚀能力强的优点，尤其是 EMI（电磁干扰）弹片设计，有效屏蔽了内部的电磁辐射，对于一般主流平台都能良好支持，官方报价 109 元。可以说是一款用料扎实、功能实用、性价比高的产品，很适合广大入门级装机用户选购。

电源方面则选择了长城 HOPE-6000DS，如图 1-1-8 所示。长城电源一向在业内都有比较好的口碑，而长城 HOPE-6000DS 作为旗下的一款旗舰产品，额定功率达到了 500W，采用了超长线材，完美支持走背线，是一款值得选择的产品。

图 1-1-7　金河田升华零辐射版机箱　　　　图 1-1-8　长城 HOPE-6000DS

2. 选择光驱、音箱　光驱的技术已非常成熟，在选择时应重点考虑品牌和是否有刻录需求。张明最终选定了华硕 DRW-24D3ST 可刻录光驱，如图 1-1-9 所示。它最大的特色是"数据加密技术"，该技术以 128 位软件加密形式实现加密过程，无需专业配件就可让我们通过密码锁定整个光盘或光盘中的部分数据，同时还允许隐藏文件名，而整个加密刻录过程与普通光盘刻录无异，不会由于在加密过程中增加无效数据而延长刻录时间。

音箱的选择上，张明考虑只是平时制作视频以及必要的娱乐时使用，要求不高，能保证基本的音质即可，所以选择了性价比较高的漫步者 R101V 音箱。该产品做工优良，在同级别产品中低音表现出色，如图 1-1-10 所示。

图 1-1-9　华硕 DRW-24D3ST 光驱　　　　图 1-1-10　漫步者 R101V 音箱

3. 选择键盘及鼠标　键盘和鼠标是最基本的输入设备，也是计算机系统中最易损耗的设备，本着价廉物美、结实耐用的原则，张明选择了罗技 MK100 二代键鼠套装，虽然功能较为单一，但完全可以满足日常使用需求。加上提供为期一年的有限质保服务，产品综合性价比较高。

（三）组装计算机

1. 计算机配置清单 经过前面精心的挑选，计算机配置清单见表 1-1-1。这套配置属于中级配置，但其性能表现优异，尤其在存取和处理图片的能力上表现尤为突出。

表 1-1-1　计算机配置清单

配件类型	配件型号	价格（元）
CPU	Intel Core i5-4570（盒）	1200
主板	技嘉 B85-HD3	620
内存	金士顿骇客神条 8GB DDR3 1600	520
硬盘	希捷（Seagate）1TB	360
显卡	蓝宝石 HD7770 2GB GDDR5 白金版	899
显示器	AOC I2269VW	899
机箱	金河田升华零辐射版机箱	109
电源	长城 HOPE-6000DS	309
光驱	华硕 DRW-24D3ST	130
音箱	漫步者 R101V	110
键盘、鼠标	罗技 MK100 二代键鼠套装	80
声卡	集成	—
网卡	集成	—
合计		5236

2. 计算机组装注意事项 准备好必要的装机工具，如螺丝刀、尖嘴钳等，准备将它们组装起来，成为一台真正的计算机。装机前先了解以下注意事项：

（1）防止静电。静电很可能将集成电路内部击穿造成设备损坏。拆装前可用手触摸接地的导电体或清洗双手释放身上携带的静电荷。拿板卡时，应尽量拿边缘，不要触碰集成电路。

（2）防止液体进入计算机内部。液体会造成短路而使器件损坏，对于爱出汗的操作人员，要避免头上的汗水滴落，还要注意不要让手心的汗沾湿板卡。

（3）不可粗暴安装。在安装的过程中一定要注意正确的安装方法，强行安装可能使引脚折断或变形。对于安装后位置不到位的设备不要强行使用螺丝钉固定，因为这样容易使板卡变形，日后易发生断裂或接触不良的情况。

3. 计算机组装步骤

（1）安装 CPU 及风扇。先将锁杆拉起，使锁杆垂直于主板面，然后打开金属顶盖，如图 1-1-11 所示。按照正确的方向，将 CPU 放下，即可准确将其嵌入插槽，如图 1-1-12 所示。

图 1-1-11　拉起拉杆

图 1-1-12　安装 CPU

CPU 安装到位后，放下金属顶盖，最后将金属拉杆拉回位，如图 1-1-13 所示。

将风扇固定在主板上，保证与 CPU 之间的紧密接触，并按照主板说明书，将散热风扇的电源插头插入主板对应的供电插槽中，完成 CPU 风扇的安装，如图 1-1-14。

图 1-1-13　放下顶盖及拉杆

图 1-1-14　安装风扇

（2）安装内存。安装内存时，先将内存插槽两端的锁扣打开，如图 1-1-15 所示，将内存金手指上的缺口对准内存插槽内的突起，然后将内存垂直放在插槽上，用力下压，直到内存条插槽两头的夹脚自动卡住内存条便可松手，如图 1-1-16 所示。

[注] 反方向无法插入，使用蛮力会造成内存条甚至是主板的损坏。

图 1-1-15　内存锁扣

图 1-1-16　安装内存条

（3）安装主板。把机箱附带的金属螺丝柱旋入主板和机箱对应的机箱底板上，如图 1-1-17 所示。将主板以斜入方式放入机箱中，先对准并放下有 I/O 接口的那边，再放下另一边，如图 1-1-18 所示，放置时要注意金属螺丝柱是否与主板定位孔相对应。

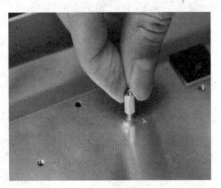

图 1-1-17　旋入螺丝柱

图 1-1-18　放置主板

放置完毕后，应确认主板输出口是否对准接口挡板对应的位置，如图 1-1-19 所示。

拧紧螺丝，固定好主板，主板安装过程结束。

[注] 在装螺丝时，注意每颗螺丝不要一次性的就拧紧，等全部螺丝安装到位后，再将每粒螺丝拧紧，这样做的好处是随时可以对主板的位置进行调整。

图 1-1-19　接口挡板

（4）安装电源。先将电源放进机箱上的电源位，并将电源上的螺丝固定孔与机箱上的固定孔对正。然后拧上 1 颗螺钉（固定住电源即可），稍稍调整。最后将 3 颗螺钉孔对正位置，再拧上剩下的螺钉即可，如图 1-1-20 所示。

[注] 这个过程中要注意电源放入的方向，有些电源有 2 个风扇，或者有 1 个排风口，其中 1 个风扇或排风口应对着主板。

图 1-1-20　安装电源

（5）安装显卡。目前显卡都采用 PCI-E 接口设计，与主板上的 PCI 插槽相对应。安装时在主板上找到显卡插槽的位置，将显卡插槽的卡子向外扳开，如图 1-1-21 所示，将显卡金手指对准插槽向下按，如图 1-1-22 所示。显卡插入插槽后，用螺丝固定即可。

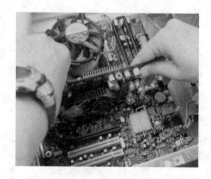

图 1-1-21　显卡插槽　　　　　　　　　　　　图 1-1-22　安装显卡

（6）安装硬盘和光驱。在机箱内找到硬盘驱动器舱，再将硬盘插入驱动器舱内，如图 1-1-23 所示。使硬盘侧面的螺丝孔与驱动器舱上的螺丝孔对齐，用螺丝将硬盘固定在驱动器舱中。

[注] 在安装的时候要注意以下几点：第一，4 个螺丝的松紧程度应相对一致，以免硬盘受力不均，导致硬盘在以后的使用中发生故障。第二，螺丝应该拧得稍紧一点，固定得稳一点，因为硬盘经常处于高速运转的状态，这样可以减少噪声，防止震动。第三，安装光驱首先要拆掉机箱前面板上光驱位置的挡板，然后将光驱从机箱外部平行送入进行固定，其固定方法与硬盘相同。

图 1-1-23　安装硬盘

（7）连接机箱内部连线。首先把电源盒引出的主板电源插头插入主板上的电源插座中。插入时注意方向，反方向无法插入，如图 1-1-24 所示。再将一条较小的供电接口（12V）连接在主板靠近 CPU 插座旁的一个 4 针电源接口上，如图 1-1-25 所示。

图 1-1-24　插入电源

图 1-1-25　CPU 12V 单独供电电源

从电源盒引出的电源线中找到 SATA 电源插头，如图 1-1-26 所示，插入硬盘电源接口上，如图 1-1-27 所示。将硬盘和的数据线分别插到主板和设备的接口上，如图 1-1-28 和图 1-1-29 所示。

图 1-1-26　SATA 电源插头

图 1-1-27　硬盘电源接口

连接光驱的电源及数据线，方法等同硬盘。

最后一步是连接机箱控制开关与主板之间的连线，如图 1-1-30 和图 1-1-31 所示。这些连线接头都有英文标注，具体含义见表 1-1-2。连接时注意正负极方向，连接线的正极是红、蓝、绿等有颜色的线，负极是白色或黑线。主板上的正负极参照主板说明书。

图 1-1-28　数据线及主板数据接口

图 1-1-29　硬盘数据接口

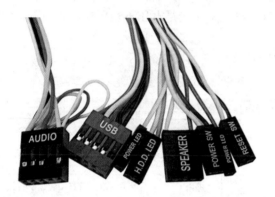

图 1-1-30　机箱控制开关线

图 1-1-31　机箱控制开关线主板接头

表 1-1-2　机箱控制开关线含义

英文标注	含　义	功　能
POWER SW	电源开关	机箱前面的开机按钮
POWER LED	电源指示灯	显示电源工作状态
RESET SW	复位开关	机箱前面的复位按钮
H. D. D LED	硬盘状态指示灯	反映硬盘工作状态
SPEAKER	PC 喇叭	主板工作异常报警器
AUDIO	前置音频	连接前置耳机与麦克
USB	前置 USB 接口	连接前置 USB 接口

　　（8）连接机箱外部连线。机箱外部的连接比较简单，首先将显示器的数据线接到主机背部显卡输出端口上，如果使用的主板已集成了显卡，同时另外安装了独立显卡，将会有两个显示输出端口，在这里要注意使用的是哪一块显卡（平行于主板的是集成显卡接口，垂直于主板的是独立显卡接口），连接好后，将固定螺丝拧紧。其次是鼠标和键盘，插到对应的接口上，如果键盘鼠标都是 PS/2 接口的，键盘接紫色接口，鼠标接绿色接口。如果是 USB接口的键盘，插入任意一 USB 接口即可。最后将音频线接到对应的绿色圆形接口上，麦克

风线接到红色圆形接口即可。

（四）测试并解决故障

1. 进行开机测试　重新检查所有连接，确定没有错误和遗漏，接好电源线，按下电源开关，正常情况下可以看到电源指示灯亮起，硬盘指示灯闪烁，显示器显示开机画面并进行自检，这时表明硬件组装成功了。待开机测试成功后，切断所有电源，将机箱内部所有连接线分类整理并用捆扎带固定，最后将机箱扣好，上好螺丝。

2. 解决无法启动故障　如果开机加电测试没有任何反应，首先应检查各硬件连接是否紧密，数据线和电源线是否连接到位，供电电源是否有问题。

如果机箱电源已经工作（可通过电源风扇转动来判断），但机器黑屏，无法启动，同时伴随"嘀嘀"的报警声，通常是机箱内部某些部件接触不好所致，这时可以通过报警声来判断故障设备和位置。

3. 解决自动重启故障　如果计算机能顺利开机，显示器也能正常显示启动信息，但过一个随机的时间段后，计算机自动重启，这种故障现象一般是电压不稳所致，如果不是劣质电源引起的问题，可通过 UPS 给计算机供电。

不同主板使用不同的 BIOS 系统，其报警声所代表的含义也不一样，以下是两种主流 BIOS 报警声的含义，见表 1-1-3 和表 1-1-4。

表 1-1-3　Award BIOS 报警声含义

报警声	反映的故障	操作建议
1 短	系统正常启动	—
2 短	常规错误	进入 CMOS 设置中修改，或直接装载缺省设置
1 长 1 短	内存或主板出错	重新插拔内存，否则更换内存或者主板
1 长 2 短	显卡或显示器错误	检查显卡
1 长 3 短	键盘控制器错误	使用替换法检查
1 长 9 短	主板 BIOS 损坏	尝试更换 Flash RAM
不断地长声响	内存问题	重新插拔内存，否则更换内存
不断地短声响	电源、显示器或显卡未连接	重新插拔所有插头
重复短声响	电源故障	更换电源

表 1-1-4　AMI BIOS 报警声含义

报警声	反映的故障	操作建议
1 短	内存刷新失败	更换一条质量好的内存条
2 短	内存 ECC 校验错误	关闭 CMOS 中 ECC 校验的选项
3 短	基本内存（第一个 64KB）失败	更换一条质量好的内存条
4 短	系统时钟出错	维修或者直接更换主板
5 短	CPU 错误	检查 CPU，可用替换法检查
6 短	键盘控制器错误	插上键盘，更换键盘或者检查主板

（续）

报警声	反映的故障	操作建议
7 短	系统实模式错误	维修或者直接更换主板
8 短	显存错误	更换显卡
9 短	ROM BIOS 检验错误	更换 BIOS 芯片
1 长 3 短	内存错误	更换内存
1 长 8 短	显卡测试错误	检查显示器数据线或者显卡是否插牢

二、安装操作系统及驱动程序

没有安装软件的计算机称为裸机。要使裸机能够正常工作，必须有操作系统的支持。安装操作系统前首先要对硬盘进行分区，安装好操作系统之后还要安装必要的驱动程序使硬件能够正常工作。

（一）对硬盘进行分区

硬盘分区，首先要确定分区方案，现在的硬盘容量基本都在 500GB 以上，如果只有一个分区，或者分成过多的小分区，都会影响系统的性能，而且在使用上也不方便。不同的用户需求不同，分区方案也不相同。

张明分析 C 盘不宜太大，能够满足系统安装与运行需要即可，因为 C 盘过小影响系统性能及运行，过大会导致空间浪费。其次，系统、程序、资料需分离，这样当系统出现问题需要恢复时有用的数据不会遭到破坏，另外应保留至少一个巨型分区用于存放高清格式的图片、视频等海量数据；最后留一个备份分区存放重要的数据。最终确定分区方案见表 1-1-5。

表 1-1-5　分区方案表

分区名称	分区大小（GB）	分区主要用途
C：（系统）	100	安装操作系统及必须安装在 C：上的软件
D：（软件）	100	安装常用软件及一般文档资料
E：（资料）	500	存放高清格式的图片、视频等海量数据
F：（娱乐）	100	存放游戏、音乐等用户娱乐数据
G：（备份）	其余	存放其他重要数据

分区有两种方法：一是在安装过程中由安装程序进行分区，二是主流分区方法即使用分区工具分区。因采用系统安装程序分区不仅速度慢而且不直观，所以张明采用第二种主流分区方法。

硬盘分区工具有很多，如命令状态下的 FDISK 命令，分区魔术师 Partition Magic，克隆软件 Ghost 等。但这些有的不支持 1TB 大容量硬盘，有的英文界面不方便操作。经过比较，张明决定选择磁盘精灵 DiskGenius4.5，不仅功能强大，而且窗口化的中文界面操作起来非常方便。操作步骤如下：

❶在窗口中选择欲进行分区的硬盘右击，弹出磁盘分区快捷菜单，如图 1-1-32。

❷单击【快速分区】，打开快速分区对话框，如图 1-1-33 所示。

❸选择分区数目，可采用软件提供的方案，也可用自定义方式设定分区数量。

❹在高级设置部分选择每个分区的类型、大小及相应的卷标，在主分区的选择上只勾选第一个分区，其他保持默认不变。

❺单击【确定】，软件开始按照用户的设置对磁盘进行格式化处理，格式化完成后，返回到操作界面

❻单击【文件】菜单。

❼在下拉列表中单击【退出】，如图 1-1-34 所示。

图 1-1-32　分区操作

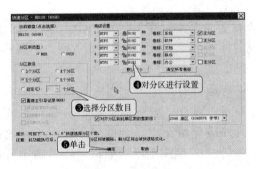

图 1-1-33　快速分区

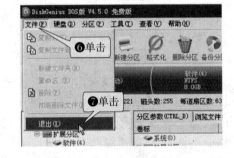

图 1-1-34　退出磁盘精灵

❽系统给出提示，如图 1-1-35 所示，单击【立即重启】，完成分区的操作。

（二）安装操作系统

操作系统安装步骤如下：

❶把系统安装光盘放入光驱，重启电脑，进入到收集信息界面，如图 1-1-36 所示，这里采取默认设置即可，单击【下一步】继续。

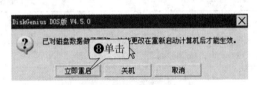

图 1-1-35　使分区操作生效

❷进入收集信息界面，【安装 Windows 须知】可以查看安装 Windows 7 时的一些注意事项，【修复计算机】用于修复损坏的原有 Windows 7 系统，现在是全新安装，一定要单击【现在安装】继续进一步收集信息，如图 1-1-37 所示。

❸进入软件许可条款界面，如图 1-1-38 所示。这是微软的软件安装协议，要使用其产品必须同意条款中的项目，否则不能继续，勾选【我接受许可条款】，然后单击【下一步】继续。

❹在选择安装类型界面，可选择升级或自定义，因是全新安装，所以选择自定义安装，如图 1-1-39。

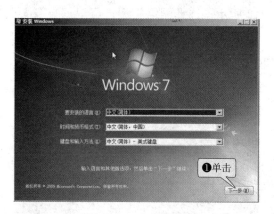

图 1-1-36 收集信息 1

图 1-1-37 收集信息 2

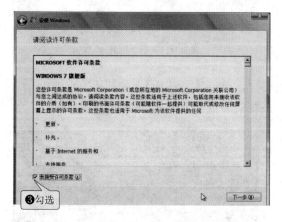

图 1-1-38 许可条款

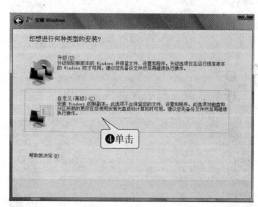

图 1-1-39 安装类型

❺接下来我们为 Windows 7 选择安装的硬盘分区，如图 1-1-40 所示。我们准备将操作系统安装在 C 盘上，单击【下一步】继续。

❻开始安装 Windows 7 系统，在安装过程中，系统可能会有几次重启，但所有的过程都是自动的，并不需要我们进行任何操作，如图 1-1-41 所示。Windows 7 的安装速度非常快，通常一台主流配置的计算机在经过 20min 左右就能够完成安装。

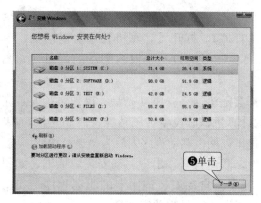

图 1-1-40 选择安装位置

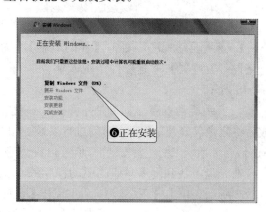

图 1-1-41 自动安装过程

❼重启几次后进入网络设置界面，如图 1-1-42 所示。选择网络类型，可根据自身上网的场合和方式进行选择，这里选择【家庭网络】，系统自动安装网络。

❽进入到网络共享设置界面，如图 1-1-43 所示。设置默认，单击【下一步】继续。

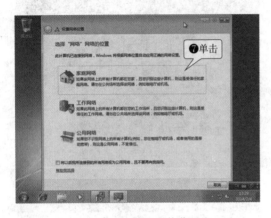

图 1-1-42　设置网络位置

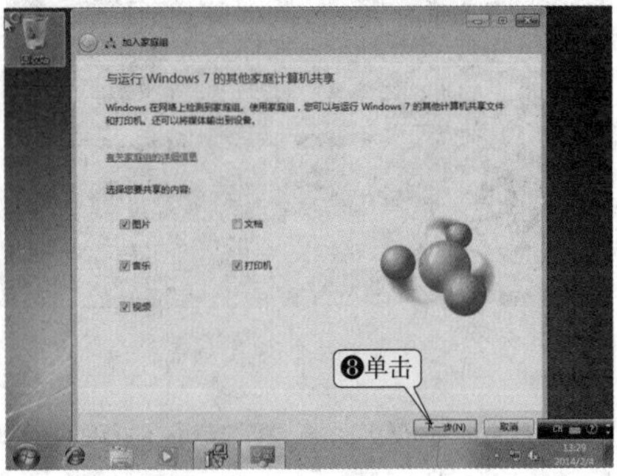

图 1-1-43　网络共享设置

❾输入家庭组密码，注意区分英文字母大小写，单击【下一步】，如图 1-1-44 所示。

❿系统重新启动，进入 windows 7 桌面，系统安装成功，如图 1-1-45 所示。

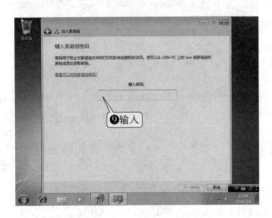

图 1-1-44　设置共享密码

图 1-1-45　进入 Windows 7

（三）安装驱动程序

1. 查看驱动程序　右击【我的电脑】，选择【管理】，打开【计算机管理】对话框，单击【设备管理器】查看硬件情况及驱动程序，有黄色问号的设备是没有驱动的设备，如图 1-1-46 所示。

2. 安装驱动程序　如果是品牌机，一般厂家都会随机送一张驱动光盘，操作系统安装完成后将此光盘放入光驱，会自动进行安装。组装的计算机核心设备会单独配备驱动光盘，如果 windows 7 系统未能正常安装驱动，可自行安装，这里以网卡驱动程序安装为例进行说明。

在光盘上找到网卡对应的驱动程序的安装文件，双击打开，出现驱动安装对话框，如图 1-1-47 所示。单击【下一步】后再单击【安装】，程序会自动安装该网卡的驱动程序，如图 1-1-48 所示。驱动完成后，原来网卡上问号图标会消失，表示驱动安装成功。

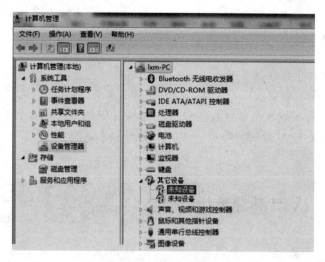

图 1-1-46 计算机管理

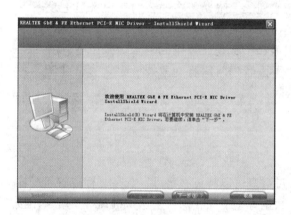

图 1-1-47 安装驱动确认

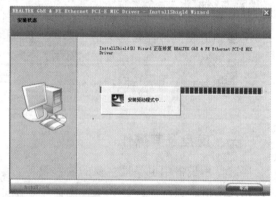

图 1-1-48 自动安装驱动

活学活用

🔍 拆装电脑

活动要求

1. 拆卸前关闭电源，并拆去所有外围设备，如 AC 适配器、电源线、外接电池、PC 卡及其他电缆等。

2. 当拆去电源线和电池后，打开电源开关，1 秒后关闭。以释放掉内部直流电路的电量。

3. 打开 AC 适配器，拆下 PC 卡、CD-ROM。

4. 拆卸各类电缆（电线）时，不要直接拉拽，而要握住其端口，再进行拆卸。

5. 要轻拿轻放硬盘或光驱。

6. 安装时遵循拆卸的相反程序。

安装打印机

活动要求　1.细看打印机的说明书。

　　　　　2.硬件安装和驱动程序安装。这两个步骤的顺序不定，视打印机不同
　　　　　而不同。如果是串口打印机一般先接打印机，然后再装驱动程序，
　　　　　如果是 USB 口的打印机一般先装驱动程序再接打印机。

案例二　认识键盘和鼠标

　　计算机的功能是通过操作键盘和鼠标实现的。张明所在的公司有很多员工没有专门学习过计算机，为了强化员工使用计算机办公的能力，公司专门聘请计算机专家刘教授对员工进行培训。因为键盘和鼠标是计算机的基本输入设备，所以刘教授从键盘和鼠标的操作开始讲起。下面我们就跟着刘教授一起来认识键盘和鼠标，学习规范的操作方法。

一、键盘及其操作

　　键盘是最常用也是最主要的输入设备，通过键盘可以将英文字母、数字、标点符号等输入到计算机中，从而向计算机发出命令、输入数据等。下面我们就来认识键盘，了解常用按键的功能，学习键盘指法。

（一）认识键盘分区

标准键盘分区如图 1-2-1 所示。

❶功能键区：主要用于完成一些特殊的任务和工作。

❷主键盘区：该区是整个键盘的主要组成部分，用于输入各种字符和命令，在这个键区中包括字符键和控制键两大类。字符键主要包括英文字母键、标点符号键和数字键；控制键主要用于辅助执行某些特定操作。

❸编辑控制区：位于主键盘区和小键盘区的中间，用于控制或移动光标。

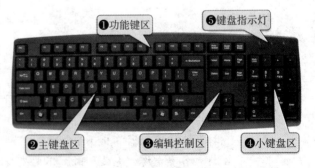

图 1-2-1　键盘及其分区

❹小键盘区：数字小键盘区在键盘右部，主要便于操作者单手输入数据。

❺键盘指示灯：在键盘的右上方有 3 个指示灯，用来提示键盘的工作状态，分别是

24

Num Lock、Caps Lock、Scroll Lock。其中 Num Lock 和 Caps Lock 分别表示数字键盘的锁定与大写锁定，Scroll Lock 为滚动锁定键，很少使用。

（二）常用按键功能

键盘上每个按键都有各自的功能和作用，常用键及功能见表1-2-1。

表 1-2-1 常用键及功能

键区	按键名称	中文名	功　　能
功能键区	【Esc】	取消	放弃当前操作
	【F1】～【F12】	功能	扩展键盘的输入控制功能。各功能键的作用在不同的软件中通常有不同的定义
主键盘区	【Tab】	跳格	制表时用于快速移动光标，敲击1次移动8个字符，对话框中用于在各项之间跳跃
	【Caps Lock】	大写锁定	控制大小写字母的输入。直接敲击字母键输入的是小写英文字母，按下该按键后，键盘右上方的 Caps Lock 指示灯亮，此时敲击字母键可输入大写英文字母
	【Shift】	上档	用于大小写转换以及键面上方符号的输入。操作时，先按住上档键，再击其他键，输入该键的上档符号；不按上档键，直接击该键，则输入键面下方的符号。若先按住上档键，再击字母键，字母的大小写进行转换
	【Ctrl】	控制	此键不能单独使用，与其他键配合使用可产生一些特定的功能，如在 Windows 中，按下【Ctrl+Alt+Del】组合键将打开【Windows 任务管理器】窗口
	【Alt】	转换	该键不能单独使用，用来与其他键配合产生一些特定功能，如 windows 中【Alt+F4】组合键的功能是关闭当前程序窗口
	【Backspace】	退格	删除光标左侧的1个字符
	【Enter】	回车	用于执行当前输入的命令，或在输入文本时用于开始新的段落
	【Space】	空格	输入1个空白字符，光标向右移动1格
	【🔲】	视窗	和其他一些键组合达到一些快捷的效果，如【win+d】可以快速显示桌面
编辑控制区	【Print Screen】	屏幕硬拷贝	复制当前屏幕内容到剪贴板，与【Alt】组合使用，是截取当前窗口的图像而不是整个屏幕
	【Insert】	插入	用做插入/改写状态的切换，系统默认为插入状态
	【Delete】	删除	删除当前光标所在位置的字符
	【Home】	返回	快速移动光标至当前编辑行的行首
	【End】	结束	快速移动光标至当前编辑行的行尾
	【Page Up】	上翻页	光标快速上移一页，所在列不变
	【Page Down】	下翻页	光标快速下移一页，所在列不变
	【←】【→】【↑】【↓】	方向控制	用键盘移动光标
小键盘区	【Num Lock】	数字锁定	此键用来控制数字键区的数字/光标控制键的状态。默认状态输入数字。此时按1次该键，该指示灯灭，数字键作为光标移动键使用

（三）操作键盘指法

1. 找到基准键位 主键区有8个基准键，分别是【A】【S】【D】【F】【J】【K】【L】【;】，在打字前要将左手食指定位在【F】键上，中指定位在【D】键上，无名指定位在【S】键上，小指定位在【A】键上，而右手从食指开始，依次放到【J】【K】【L】【;】上，双手拇指放在空格键上。

【F】键、【J】键上各有一个突起的小横杠或小圆点，盲打时可通过它们找到基准键位，如图1-2-2所示。

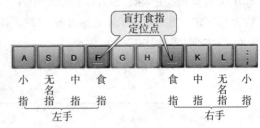

图1-2-2 键盘基准键

2. 十指正确分工 打字时双手十个手指都有明确的分工，只有按照正确的手指分工打字，才能实现盲打，提高打字速度，手指分工如图1-2-3所示。

3. 键盘操作规范 键盘操作规范姿势如图1-2-4所示，应注意以下几点：

（1）端坐在椅子上，腰身挺直，全身保持自然放松状态。

（2）视线基本与屏幕上沿保持在同一水平线。

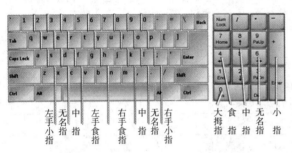

图1-2-3 手指分工

图1-2-4 键盘操作姿势

（3）两肘下垂轻轻地贴在腋下，手掌与键盘保持平行，手指稍微弯曲，大拇指轻放在空格键上，其余手指轻放在基本键位上。

（4）击键要有节奏，力度要适中，击完非基本键后，手指应立即回至基本键。初学时应特别重视落指的正确性，在正确的前提下，再求速度。

（5）空格键用大拇指侧击，右手小指击回车键。

二、鼠标及其操作

鼠标是视窗环境下操作计算机的基本输入设备，可以使计算机的操作更加简便。

（一）认识鼠标

从微软推出视窗操作系统开始，鼠标已成为计算机的标准配置，发展到今天，无论从外形、功能都有很大的变化，不仅种类繁多，而且品牌丰富，主要以光电式鼠标为主，通常有2个按键，1个滚轮，如图1-2-5所示。

（二）鼠标的基本操作方法

1. 指向 将鼠标指针移动到屏幕上对象所在的位置。

2. 单击 先将鼠标指针移动到要操作的对象之上，按下鼠标左

图1-2-5 鼠标按键

26

键并迅速放开，用于选择操作对象。操作时应避免移动鼠标，以免因鼠标指针位置发生变化而导致操作错误或无效。

3. **双击** 先指向某个对象，然后迅速地连续两次单击，两次单击的间隔要很短，用于打开文件或运行程序。操作时也应尽量避免鼠标移动。

4. **右键单击** 单击鼠标右键，通常会弹出一个快捷菜单，注意鼠标指针位置不同，弹出的菜单也会不同。操作时应保证鼠标指针位置的准确性。

5. **拖动** 按下鼠标左键不放，然后移动鼠标，到指定位置后放开。该操作常用于选择多个对象或将所选对象移动位置。

6. **滚动** 上下拨动鼠标中间的滚轮，可实现文档或网页的上下滚动，单击该键后可通过上下移动鼠标来实现滚动，再次单击还原。

●･ ●● 活学活用 ●● ●･

🔍 **键盘指法训练**

活动要求 使用金山打字通 2013 以上版本进行打字训练。

1. 没有基础的初学者 选择新手入门模块，进行键位练习，在打字过程中，应讲求击键准确，不要贪图速度，但应注意训练盲打习惯。

2. 已经准确掌握键盘指法的进阶者 选择英文打字模块，进行英文对照录入练习，在保证准确率的前提下完全实现盲打。

3. 想将打字形成技能的冲刺者 在主界面下选择速度测试，在保证准确率的前提下，尽可能提高打字速度。

🔍 **使用鼠标操作计算机**

活动要求 1. 单击音量控制按钮并拖动滑块调节声音大小。
2. 试试画一个矩形框选择桌面上的一批图标。
3. 右击【计算机】，选择【属性】，查看有关计算机的基本信息。
4. 双击桌面上的【计算机】，查看硬盘的资源使用情况。

👆 案例三 文字录入

为了提高运营效率，公司购买了一套企业管理系统软件，需要将员工信息、客户信息、报价单等原始数据录入系统，该任务由人力资源部负责完成，部门经理将这项任务交给了张明。张明欣然接受，要知道，在校期间张明就有"打字高手"的称号。10 天的工作任务，张明仅用了 6 天就完成了，接下来，让我们一起学习他打字的经验和心得。

一、使用音码输入法

计算机键盘的设计源于英文打字机，英文字母共有 26 个，对应着键盘上的 26 个字母，所以使用键盘可以很方便地输入英文，而汉字的字数有几万个，它们本身和键盘是没有任何对应关系的，为了向计算机中输入汉字，我们必须使用中文输入法。汉字输入的编码方法，基本上都是采用将音、形、义与特定的键相联系，再根据不同汉字进行组合来完成汉字的输入。

拼音输入法为音码输入法的一种，以汉字的读音为基础，只要会使用拼音，发音正确，就可以输入汉字，是一种很容易掌握和使用的汉字输入方法，下面我们就以 QQ 拼音输入法为例来学习拼音输入法。

1. 输入法的打开和切换　要输入中文首先要打开输入法，操作步骤如下：

❶单击语言栏上的输入法图标，打开输入法菜单。

❷单击所要用的输入法即可，如图 1-3-1 所示。

［注］也可用【Ctrl＋空格】组合键选用上一次使用过的中文输入法，同时按住【Ctrl＋Shift】可在英文和各种输入法之间切换。

2. 输入法状态栏　选择拼音输入法后，屏幕上弹出的汉字输入法状态栏如图 1-3-2 所示。输入法状态栏包括下列内容：

图 1-3-1　选择输入法

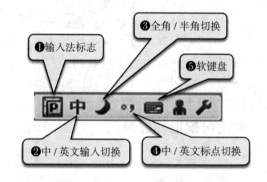

图 1-3-2　输入法状态栏

❶输入法标志：指示输入法名称，有些输入法该位置为中/英文切换按钮。

❷中/英文输入切换：在不关闭状态栏的情况下单击可进行中文与英文状态的转换，也可用快捷键【Shift】实现。

❸全角/半角切换：半角指一个字符占一个字节的位置，全角一个字符占两个字节的位置，通常的英文字母、数字键、符号键都是半角的，汉字是全角的。

单击该按钮可切换全角/半角状态，也可用【Shift＋空格】键进行切换（各种输入法通用）。

❹中/英文标点切换：单击该按钮可切换中文标点符号，或者用【Shift＋ ▉ 】进行切换。中文标点的输入方法见表 1-3-1。

表 1-3-1　中文标点符号的输入

名称	标点	按键	说明	名称	标点	按键	说明
逗号	，	▉		括号	（）	▉	自动配对

名称	标点	按键	说明	名称	标点	按键	说明
句号	。			单引号	' '		自动配对
问号	？			双引号	" "		自动配对
顿号	、			书名号	《》		自动配对
感叹号	！			破折号	——		双符处理
省略号	……		双符处理	连接号	—		
分号	；			间隔号	·		
冒号	：			人民币符号	￥		

❺软键盘：软键盘也叫屏幕键盘，是通过软件模拟的方式在屏幕上显示键盘，可通过鼠标单击输入字符，一是为了防止木马记录键盘输入的密码，二是可用于其他符号的输入。

单击可打开或关闭软键盘，右键单击可选择不同的软键盘。

3. 汉字输入的一般操作

（1）单个汉字的输入。直接输入汉字编码，然后输入所需汉字前的数字，空格选取重码汉字中的第 1 个字，当输入的汉字的状态条中没有显示，并且因为编码重码较多，状态条中没有显示出其余重码汉字，可使用【+】向后翻页查找，【-】为向前翻页。

（2）多字输入。对于常见词组、成语、习惯用语、口语等可采用每一个字的第一位编码的组合以提高输入速度。

二、使用形码输入法

虽然拼音输入法简单易学，但是却有无法弥补的先天不足。一是汉字同音字之多导致重码率居高不下，即使输入词组重码也是相当高，纵然加上云输入功能也无法完全做到精确地输入文字；二是对于不认识的生僻字无法输入。所以在拼音编码之外又出现了另一种汉字输入编码，这就是形码。形码编码比拼音输入法具有更低的重码率，熟练后可以很快地输入汉字。下面我们通过简单介绍五笔输入法来了解形码输入法。

（一）什么是形码

形码是依汉字的字形来编码的。形码有效地避免了按发音输入的缺陷，它们或者以汉字的笔画为依据，或者以汉字的偏旁部首为基础，总结出一定的规律进行编码，使得这类编码与汉字读音无任何关系。同时，形码的重码率相对较低，为实现汉字的盲打提供了可能，现在形码已成为专业人员的首选汉字输入码。形码一般都具有较多的复杂规则，学习记忆难度大，经过专门训练可以达到较高的水平。

（二）五笔输入法概述

五笔输入法，全称是五笔字型输入法，目前版本很多，主要有极点五笔、万能五笔、海峰五笔、智能五笔、龙文五笔、QQ 五笔、搜狗五笔等。他们的共同点是，只有少数字根或成字字根分布不同，但大部分汉字的编码都没有改，编码规则也保持一致，只要记住少数变动的字根，专门挑那些"编码"不同的字练上几天，就可以由原来熟悉的五笔版本过渡到新版五笔。

（三）五笔输入法特点

近几年，随着计算机的普及程度越来越高，网络发展越来越快，人们在中文录入方面的应用也越来越多，输入法的发展也进入到"万码奔腾"的时代，作为形码输入法的代表，五笔输入法凭借其得天独厚的优势始终占据中文输入法的重要地位，当然也有一些不足之处是无法避免的。

1. 五笔输入法优点

（1）重码少，准确率高。五笔字型字和码基本上一一对应，重码率很低，基本不需要看屏选字。

（2）键码短、输入快，多简码。一个字或一个词组最多只有四个码，更因大量的简码使大多数常用字击键不足四个码，输入速度可以非常快。熟练后可达到 200 字/min 以上。

（3）应用范围广。对于日常聊天、编辑等对速度与准确率要求不高的场合，各种输入法都可满足要求，但在对速度和准确率要求较高的场合五笔却有着不可替代的优势。

2. 五笔缺点

（1）学习难度大，周期长，不易上手。编码规律不能涵盖全部汉字，有的字只能用变形字根等不规范的处理办法。有的简码字必须用识别码，而识别码相对复杂。

（2）对整句输入支持不好。因编码最多只有 4 键，编码组合相对较少，在保证较低重码率的基础上难以对整句进行编码。

（3）词库功能相对较弱。与现在拼音输入法相比较，在词库的更新上远落后于主流拼音输入法，当然这也是因为要保证较少的击键次数而设计的键码短所造成的。

综合看来，五笔字型是一种低重码率、高速度、高准确率的输入法，专业或者非专业的录入要求都能满足。另一方面，编码规则比起音码类输入法要复杂，记忆量相对较大，学习难度有所增加，达到较高速度需要相对较长时间的练习，但熟练后可达到条件反射式的见字即打，不需要经过思考，速度提升的空间也比较大。五笔详细内容参见附录。

●●◆◇◆●● **活学活用** ●●◆◇◆●●

 中文录入训练

活动要求　使用金山打字通 2013 以上版本练习中文录入。

1. 在主界面中选择中文打字模块进行对照录入练习，要求能够熟练掌握一种输入法的使用，能够正确输入标点和特殊符号。

2. 在保证正确率的前提下速度达到 40 字/min 以上。

3. 在测试模式下进行过关测试。

第二单元 操作系统 Windows 7

　　操作系统是计算机最基本的系统软件，主要功能是管理和控制计算机硬件与软件资源，合理组织计算机的工作流程，使计算机系统高效工作，为我们提供方便、快捷、友好的应用程序接口。其他任何软件都必须在操作系统的支持下才能运行。本单元主要介绍设置 Windows 7 操作系统的个性化工作环境、管理计算机资源、保护计算机等的基本操作。

Windows 7 预备知识

案例一　设置个性化工作环境

案例二　管理我的资源

案例三　保护我的计算机

案例四　使用 Windows 7 附件

Windows 7 预备知识

　　李丽刚到公司上班，就接到了培训部的培训通知。由于很多业务需要通过计算机完成，李丽将在接下来的几天中接受计算机操作的培训。公司的计算机安装的是 Windows 7 操作系统，通知要求首先自己熟悉开关机操作以及 Windows 7 系统中的一些概念和基本操作。李丽决定按照培训手册中的资料对 Windows 7 系统的基本知识进行学习。

　　Windows 7 是微软公司开发的操作系统，其含义是 Windows 的第七代操作系统。与 Windows 之前的版本相比，Windows 7 更安全、更简单、更易用、更快速。

　　Windows 7 常用的版本有家庭基础版、家庭高级版、专业版、旗舰版等。其中 Windows 7 旗舰版拥有系统所有的功能，但对于计算机的硬件要求也最高。

一、Windows 7 的启动与退出

1. Windows 7 的启动

❶按下显示器上的电源按钮，打开显示器，如图 2-0-1 所示。

❷按下主机箱上的电源按钮（Power 按钮），如图 2-0-2 所示。

图 2-0-1　打开显示器电源　　　　　　　　图 2-0-2　打开主机电源

❸计算机将进行自检，然后进入 Windows 7 的启动界面，如图 2-0-3 所示。

❹计算机启动成功，进入 Windows 7 的登录界面，在登录界面输入正确的用户名和密码。

❺单击【登录】或按回车键【Enter】，即可进入 Windows 7 操作系统，如图 2-0-4 所示。

　　2. Windows 7 的退出　Windows 7 的退出就是计算机的关机操作，计算机的关机不同于其他电器，不能直接进行断电操作，否则会导致数据丢失，甚至导致计算机硬件损坏。正确的关机步骤是：

❶单击【开始】，打开【开始】菜单，如图 2-0-5 所示。

图 2-0-3　Windows 7 启动界面

图 2-0-4　Windows 7 登录界面

❷单击【开始】菜单中的【关机】。

❸Windows 7 会自动保存系统设置，然后自动断开计算机电源，如图 2-0-6 所示。

❹关闭显示器电源。

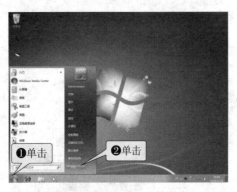

图 2-0-5　Windows 7 的退出

图 2-0-6　Windows 7 关机界面

二、认识和使用 Windows 7 桌面

进入 Windows 7 操作系统后，首先显示桌面，如图 2-0-7 所示。Windows 7 的桌面由桌面图标、背景和任务栏等构成。

1. 使用桌面图标　图标是代表文件、文件夹或程序等对象的计算机图形，由图形和名称两部分组成，双击图标即可快速启动所对应的程序。桌面上一般保存常用的图标，如图 2-0-8 所示。

（1）将系统图标添加到桌面。步骤如下：

❶单击【开始】→【控制面板】，如图 2-0-9 所示。

❷单击【外观和个性化】，如图 2-0-10 所示。

图 2-0-7　Windows 7 桌面

图 2-0-8 Windows 7 图标

图 2-0-9 开始菜单

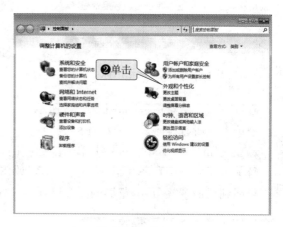

图 2-0-10 控制面板

35

❸单击【个性化】，如图 2-0-11 所示。
❹单击【更改桌面图标】，如图 2-0-12 所示。

图 2-0-11 个性化

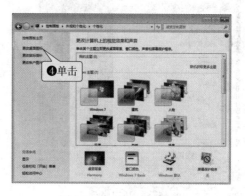

图 2-0-12 更改桌面图标

❺在打开的【桌面图标设置】对话框中选中常用图标，单击【确定】，如图 2-0-13 所示。

❻回到桌面，可以看到选中的图标显示在桌面上，如图 2-0-14 所示。

（2）创建程序的快捷方式图标到桌面。桌面上除了可以添加系统图标以外，还可以创建常用软件或文件夹的图标。如上网浏览需要打开浏览器，就可以将 IE 浏览器的图标添加到桌面上以方便访问。

图 2-0-13　选中常用图标

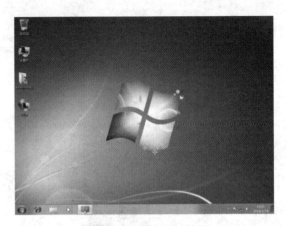

图 2-0-14　更改图标效果

❶打开【开始菜单】，如图 2-0-15 所示。

❷单击【所有程序】打开程序列表。

❸在【Internet Explorer】上单击鼠标右键，打开快捷菜单。

❹单击【发送到】→【桌面快捷方式】，如图 2-0-16 所示。

❺回到桌面观察 IE 浏览器的图标已显示在桌面上。

图 2-0-15　打开程序列表

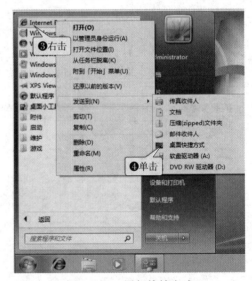

图 2-0-16　添加快捷方式

　　当使用鼠标右击 Windows 中各种对象时，会弹出相关的快捷菜单方便我们操作。如打开【个性化】窗口，只需在桌面空白处单击鼠标右键，在弹出的快捷菜单中选择【个性化】，即可打开窗口。

　　2. 使用任务栏　　任务栏默认位于桌面的底端，由开始菜单、快速启动栏、通知区域等组成。任务栏的使用在 Windows 7 操作系统中非常频繁。

　　（1）使用任务栏打开 IE 浏览器。单击快速启动栏中的 IE 图标，如图 2-0-17 所示。系统自动打开 IE 浏览器并跳转到主页，如图 2-0-18 所示。

图 2-0-17 单击任务栏图标

图 2-0-18 打开 IE 浏览器

（2）使用任务栏调整扬声器音量。

❶单击通知区域的扬声器图标，如图 2-0-19 所示。

❷在打开的音量控制对话框中滑动音量控制杆到 50%，如图 2-0-20 所示。

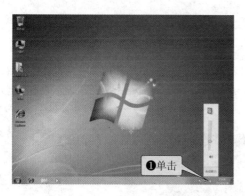

图 2-0-19 单击扬声器图标

图 2-0-20 音量控制对话框

3. 使用开始菜单 开始菜单是 Windows 系统中重要的组成部分，我们运行程序、资源管理以及退出 Windows 等操作都可以通过开始菜单进行。

（1）使用开始菜单打开 Windows Media Center（多媒体中心）。

❶单击【开始】打开开始菜单，在开始菜单中单击【所有程序】，如图 2-0-21 所示。

❷在展开的程序列表中单击【Windows Media Center】，如图 2-0-22 所示。

❸系统运行 Windows Media Center，如图 2-0-23 所示。

图 2-0-21 打开程序列表

图 2-0-22　单击程序命令　　　　　　　　　　图 2-0-23　打开多媒体中心

三、认识和使用 Windows 7 窗口

（一）认识窗口

在使用 Windows 7 操作系统时，无论是运行程序、打开文件还是系统设置，都会打开窗口。双击桌面上【计算机】图标，弹出【计算机】窗口，如图 2-0-24 所示。窗口元素组成及功能，见表 2-0-1。

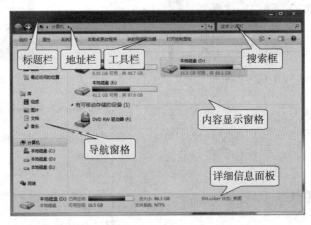

图 2-0-24　Windows 7 窗口

表 2-0-1　Windows 7 系统的窗口组成及功能

窗口主要组成	功　能　作　用
标题栏	用于显示窗口的名称
地址栏	显示窗口或文件所在位置，即路径。Windows 7 地址栏显示的路径每一级都使用按钮表示，可以单击按钮实现快速跳转

（续）

窗口主要组成	功 能 作 用
工具栏	显示对窗口或对象的操作按钮，打开不同类型的窗口及选择不同类型的对象时，工具栏中的按钮会发生变化
搜索框	用于搜索相关的程序或文件
导航窗格	显示当前文件夹中包含的可展开的文件夹列表
内容显示窗格	用于显示磁盘、文件和文件夹的信息
详细信息面板	显示程序、文件、文件夹的详细信息，可以修改文件的信息并添加标记

（二）操作窗口

1. 关闭窗口　要关闭已经打开的窗口，可以单击窗口右上角【关闭】。

2. 改变窗口大小　当窗口处于非全屏幕显示状态时，可以进行以下操作：

（1）最小化窗口。单击窗口标题栏右侧的【最小化】，可以使窗口最小化到任务栏，与关闭窗口不同，最小化的窗口可以单击任务栏上的相应按钮恢复显示。

（2）最大化窗口。在窗口不是全屏幕显示的状态下，单击【最大化】，窗口可以最大化显示，即全屏幕显示。窗口最大化后，【最大化】变为【向下还原】，单击可以将窗口还原为最大化以前的状态。

（3）拖动鼠标调整窗口大小。当我们对窗口大小不满意时，可以任意调整窗口的大小，把鼠标移动窗口边框或四角上，鼠标指针变为双箭头时，按住鼠标左键拖动即可调窗口的大小。

（4）鼠标双击窗口标题栏。窗口会最大化显示。

（5）在窗口标题栏上按住鼠标左键不放，拖动窗口移向屏幕顶端，当鼠标指针移动到屏幕顶端时，会出现窗口最大化效果，放开鼠标，窗口即可最大化。

3. 切换窗口　在使用计算机时，经常会在桌面上打开多个窗口，但同一时间只能操作一个窗口，因此，经常需要在多个窗口之间进行切换。Windows 7 提供了多种窗口切换的方法：

方法一：通过单击任务栏上对应的按钮进行窗口切换，如图 2-0-25 所示。

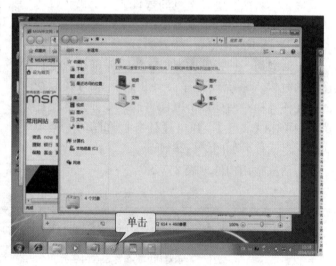

图 2-0-25　任务栏窗口切换

方法二：按【Alt＋Tab】组合键打开切换面板，按住【Alt】键不动，单击【Tab】键依次移动选择所需要切换的窗口。也可以按住【Alt】键不动，用鼠标选择需要切换的窗口，如图 2-0-26 所示。

图 2-0-26　【Alt＋Tab】组合键切换窗口

方法三：按下【■+Tab】组合键打开 3D 效果的切换效果，按住【■】键不动，按下【Tab】键依次滚动选择所需要切换的窗口，如图 2-0-27 所示。

图 2-0-27　3D 效果窗口切换

4．"摇一摇"清理窗口　使用 Windows 过程中经常会同时打开多个待使用的窗口，为了减少窗口间的干扰，经常需要将暂时不用的窗口最小化。

在 Windows 7 中，提供了一种快捷的窗口最小化方式，用鼠标单击需要保留的窗口，按住鼠标左右摇晃，其他的所有窗口都会自动最小化；再次摇晃，其他的窗口会恢复显示。

（三）认识对话框

对话框是一种特殊的窗口。当需要确认或进行设置的时候，系统或程序会弹出对话框与我们交流。在任务栏空白处单击鼠标右键，在弹出的快捷菜单中单击【属性】，弹出【任务栏和「开始」菜单属性】对话框，如图 2-0-28 所示。

对话框常用构件见表 2-0-2。

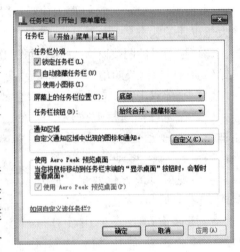

图 2-0-28　Windows 7 对话框

表 2-0-2　对话框中常用构件

构件	功　能　作　用
标题栏	显示对话框的名称，右侧显示关闭按钮可关闭对话框
选项卡	内容较多的对话框被分为多个设置页，单击选项卡可切换到相应的设置页
单选按钮	单选项一般成组出现在对话框中，被选中的单选按钮内部显示为圆点。每组的按钮只能有 1 个被选中
复选框	复选框为矩形选框，被选中的复选框内部显示对勾，1 个复选框组中可以同时选择多个复选框

40

（续）

构件	功能作用
命令按钮	命令按钮形状为矩形块，同时标注了命令的名称。在按钮名称后标有【…】时，单击按钮会打开另外 1 个相应的对话框；没有此标记时，单击按钮会执行相应的命令
数值框	在数值框中可以直接输入数值，右侧的调节按钮可增大或减少数值
下拉列表框	单击右侧的下拉按钮，弹出可供用户选择的选项列表
文本框	可以输入文本的矩形方框

案例一　设置个性化工作环境

公司培训部检查了李丽对计算机的基本操作，感到很满意。下面李丽将学习 Windows 7 系统的更多设置，让计算机在使用中更符合个人的习惯。

41

一、设置个性化的 Windows 7

1. 设置 Windows 7 主题　通过 Windows 7 的个性化窗口，可以订制与众不同的、具有个人特色的系统桌面。

单击【开始】打开【开始】菜单，单击【控制面板】打开窗口，单击【外观和个性化】→【个性化】，即可打开 Windows 7 的个性化窗口。单击【Windows 7】主题，观察计算机桌面的变化，如图 2-1-1 所示。

图 2-1-1　应用 Windows 主题

2. 订制系统桌面 首先打开 Windows 7 的个性化窗口。

❶更改桌面背景：单击【桌面背景】，选中【场景】中的【img29】，单击【保存修改】，如图 2-1-2 所示。

❷更改窗口颜色：单击【窗口颜色】，选择颜色中的【叶】，单击【保存修改】，如图 2-1-3 所示。

❸更改桌面图标：单击【更改桌面图标】，选中【计算机】图标，单击【更改图标】，如图 2-1-4 所示。

❹在弹出的【更改图标】对话框中选中图标，单击【确定】，如图 2-1-5 所示。

图 2-1-2　更改桌面背景

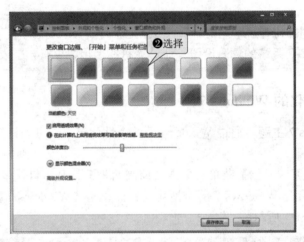

图 2-1-3　更改窗口颜色

图 2-1-4　桌面图标设置

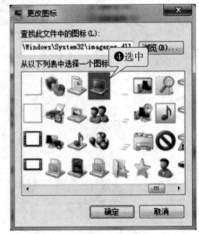

图 2-1-5　更改图标

❺更改鼠标指针：单击【更改鼠标指针】，在【Windows Aero（系统方案）】下拉列表框中选择【Windows 反转（系统方案）】，单击【确定】，如图 2-1-6 所示。

❻保存我的主题：经过上面的操作，系统桌面发生了变化，选中【未保存的主题】，如图 2-1-7 所示。

图 2-1-6　更改鼠标指针

图 2-1-7　未保存的主题

❼单击【保存主题】。

❽将更改后的桌面保存为"绿色"主题。在打开的对话框中输入【绿色】，单击【保存】，如图 2-1-8 所示。

❾更改账户图片：单击【更改账户图片】，任意选择一张图片，单击【更改图片】，如图 2-1-9 所示。

图 2-1-8　保存主题

图 2-1-9　更改账户图片

二、设置任务栏和开始菜单

任务栏和开始菜单都是系统中频繁使用的功能，巧用任务栏和开始菜单可以让系统的使用更加快捷方便。

1. 把常用的软件锁定到任务栏 在任务栏上的快速启动栏可以通过单击图标的方式非常方便地启动程序。如需经常进行计算，可以将【计算器】锁定到任务栏。

❶单击【开始】打开【开始菜单】，选择【所有程序】，单击【附件】，如图 2-1-10 所示。

❷右击【计算器】。

❸单击【锁定到任务栏】。

2. 把常用的软件附加到开始菜单 同样，也可以把常用的程序附加到开始菜单中，如将【记事本】附加到开始菜单。

❶单击【开始】打开【开始菜单】，选择【所有程序】，单击【附件】，如图 2-1-11 所示。

❷右击【记事本】。

❸单击【附到「开始」菜单】。

图 2-1-10 程序锁定到任务栏

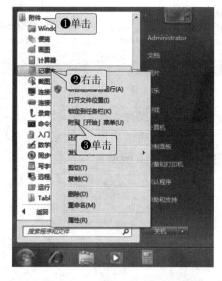

图 2-1-11 附加到开始菜单

3. 将最近打开的项目显示在开始菜单上 在使用计算机的过程中，如果不小心把正在使用的文件关闭，就需要重新找到文件再次打开，这样的操作稍嫌繁琐。但开始菜单经过设置，能够显示最近打开的文件项目，这样就无需重新寻找文件。

❶在任务栏空白处单击鼠标右键，单击【属性】，如图 2-1-12 所示打开【任务栏和「开始」菜单属性】对话框。

❷选择【「开始」菜单】选项卡，单击【自定义】打开对话框，如图 2-1-13 所示。

❸勾选【最近使用的项目】前的复选框，单击【确定】，如图 2-1-14 所示。

❹单击【开始】→【最近使用的项目】，在展开的项目中可以看到最近打开的项目，单击鼠标即可打开项目，如图 2-1-15 所示。

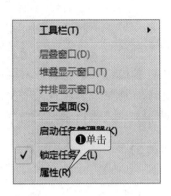

图 2-1-12　打开任务栏属性

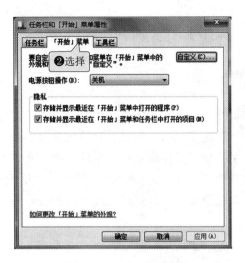

图 2-1-13　开始菜单属性

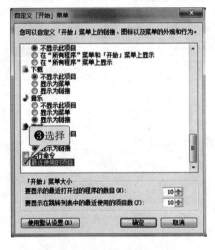

图 2-1-14　自定义开始菜单

图 2-1-15　最近使用的项目

活学活用

🔍 设置个性化桌面

活动要求　根据以上所学知识，把桌面设置成红色的主题。

1. 桌面背景选择【场景】中的【img28.jpg】。

2. 窗口颜色选择为【深红色】。

3. 将设置好的主题保存为【红色】。

案例二　管理我的资源

　　李丽在操作过程中，发现自己刚刚接收的文件找不到了。培训部的老师告诉李丽：计算机具有强大的存储功能，计算机中的各种信息和数据都以文件的形式存储在磁盘中，文件的种类多、数量大，因此必须有规律地分类存放于文件夹中。在 Windows 系统中，可使用资源管理器对文件和文件夹进行管理，使用磁盘清理、碎片整理等磁盘维护工具对磁盘进行维护。

一、使用资源管理器

　　资源管理器是 Windows 系统中重要的文件管理工具，使用资源管理器可以对文件和文件夹进行管理，主要包括了文件和文件夹的新建、复制、重命名、删除和查询等操作。

（一）打开资源管理器

　　单击【开始】→【所有程序】，单击【附件】→【Windows 资源管理器】，打开如图 2-2-1 所示的界面。

（二）使用资源管理器

　　1. 使用资源管理器打开图片库
在打开的【资源管理器】窗口左侧的导航窗格中单击库中的【图片】，即可在内容显示窗格中显示图片库的内容，如图 2-2-2 所示。

　　2. 更改图片库的图标大小　为了方便地查看内容显示窗格中的内容，可以对显示内容的图标大小进行调整。

　　单击工具栏右侧的【更改视图】；滑动控制杆查看图标放大及缩小的效果，如图 2-2-3 所示；按住【Ctrl】键，滚动鼠标滚轮也可以缩放图标。

　　3. 使用预览窗格预览图片　在资源管理器中，还提供了预览窗格，当我们选中 1 个文件或文件夹时，预览窗格就会显示选中文件或文件夹的内

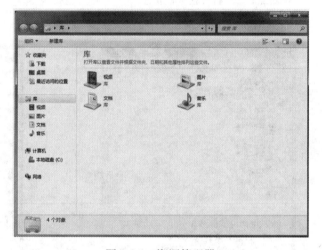

图 2-2-1　资源管理器

图 2-2-2　打开图片库

容，这使得我们无需打开文件或文件夹就能获知选中的内容，在操作中显得更为快捷。

❶单击工具栏右侧的【显示预览窗格】，在资源管理器右侧打开预览窗格，如图 2-2-4 所示。

❷任意选择图片库的图片，预览窗格中出现选择图片的缩略图。

图 2-2-3 更改视图 　　　　　　　　图 2-2-4 打开预览窗格

[注] 对于常用的文本文件、图片文件预览窗格可以直接显示文件内容，对于常用的音频文件、视频文件可以直接在预览窗格中进行播放。

二、操作文件和文件夹

1. 认识文件和文件夹　文件是存储在计算机上的信息集合。计算机中的大部分信息都通过文件的方式进行存储，文件可以是文本资料、图片资料、程序及音频视频等。在计算机中，通过文件名来管理文件，通过文件扩展名来指示文件类型。文件通常分类存储于文件夹中，如图 2-2-5 所示文件和文件夹。

用户　　　　　　Office 2010 简...　　　　　Windows 7

图 2-2-5 文件和文件夹

常见的文件图标和扩展名，见表 2-2-1。

表 2-2-1 常见的文件图标和扩展名

图标	扩展名	文件说明
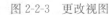	.exe	可执行文件

（续）

图标	扩展名	文件说明
	. txt	文本文件
	. jpg	JPG 图像文件
	. gif	GIF 图像文件
	. mp3	MP3 音频文件
	. mp4	视频文件
	. docx	Word 2010 文档
	. xlsx	Excel 2010 电子表格文档
	. pptx	PowerPoint 2010 幻灯片文档
	. swf	FLASH 动画文件
	. rar	RAR 压缩文件
	. htm	网页文件

2. 文件和文件夹的命名规则

（1）文件名或文件夹名不能多于 255 个字符，可以由 1～255 个英文字符或 127 个汉字（包括空格）组成。

（2）一般情况下，文件名称与扩展名中间用符号"."分隔。

（3）文件名和文件夹名可以由字母、数字、汉字或～! @ ＃ $ ％ ˆ & ( ) ＿ - { } 等组合而成。可以有空格，可以有多于一个的圆点"."。

（4）文件或文件夹名称中不能使用以下字符：\ / : * ? " < > | 。

（5）文件或文件夹名称中不区分英文字母大小写。

（6）同一目录下不能有名称完全相同（文件名和扩展名均相同）的文件或文件夹。

3. 新建文件夹

（1）在 D 盘根目录下新建文件夹，命名为【计算机练习】。先双击【计算机】图标，再双击【本地磁盘（D:）】。

单击工具栏中【新建文件夹】，键入文件夹名称【计算机练习】，如图 2-2-6 所示。

图 2-2-6　新建文件夹

48

（2）打开【计算机练习】文件夹，在文件夹内使用同样的方法新建【第二单元练习】和【第三单元练习】文件夹。

4. 文件夹的特性

（1）文件夹可以多层嵌套，即在1个文件夹下可以建立若干个子文件夹，子文件夹下也可以包含若干的下级文件夹。

（2）只要磁盘空间足够，文件夹中可以存放任意多的内容。

5. 重命名文件夹　将上述【第二单元练习】和【第三单元练习】2个文件夹分别命名为【Windows 7 练习】和【Word 练习】。

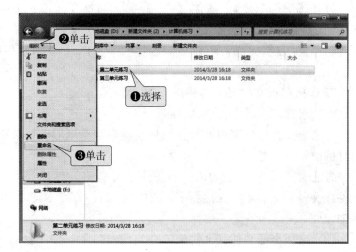

图 2-2-7　重命名文件夹

❶单击【第二单元练习】文件夹，如图 2-2-7 所示。

❷单击【组织】。

❸单击【重命名】，键入【Windows 7 练习】。

利用同样的方法将【第三单元练习】文件夹重命名为【Word 练习】。

6. 复制文件

（1）文件复制。将示例图片中的【灯塔】复制到【Windows 7 练习】中。

❶双击【计算机】图标，单击【图片】，双击【示例图片】，选择【灯塔】图片，如图 2-2-8 所示。

❷单击【组织】。

❸单击【复制】。

❹打开【Windows 7 练习】文件夹，单击【组织】，如图 2-2-9 所示。

❺单击【粘贴】复制完成，可以看到图片已经保存在【Windows 7 练习】文件夹中。

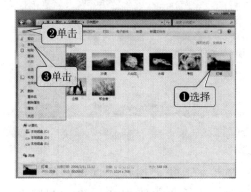

图 2-2-8　复制文件

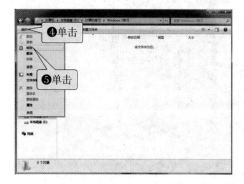

图 2-2-9　粘贴文件

49

（2）选中多个文件复制。选中示例图片中的多张图片复制到【Windows 7 练习】文件夹。

打开【示例图片】。按住【Ctrl】键，选择【沙漠】【水母】【企鹅】，选择完毕后放开【Ctrl】键。单击【组织】→【复制】。打开【Windows 7 练习】文件夹；单击【组织】→【粘贴】。复制完成，可以看到选择的多张图片已经保存在【Windows 7 练习】文件夹中。

7. 选择多个文件或文件夹的方法

（1）选择连续的文件或文件夹。

方法一：在窗口空白处按住鼠标左键拖动出矩形框，被矩形框覆盖的文件或文件夹会被同时选中。

方法二：鼠标单击选中一个文件或文件夹，然后按住【Shift】键，再选择最后一个文件或文件夹，这样，前后两次选中的文件或文件夹之间的所有文件和文件夹都会被选中。

（2）选择全部文件和文件夹。在当前窗口下，按下【Ctrl＋A】组合键，当前窗口下所有文件和文件夹都会被选中。

（3）选择不连续的文件和文件夹。按住【Ctrl】键单击鼠标选择。

（4）使用复选框选择文件。首先开启文件复选框功能。

❶打开【计算机】窗口，单击【组织】，如图 2-2-10 所示。

❷单击【文件夹和搜索选项】。

❸在打开的【文件夹选项】对话框中选择【查看】选项卡，如图 2-2-11 所示。

❹勾选【使用复选框以选择项】复选框，单击【确定】。

图 2-2-10　文件夹和搜索选项

图 2-2-11　文件夹选项

光标移动到文件或文件夹上时，文件或文件夹左上角会出现复选框，单击复选框即可选中文件或文件夹，重复操作可选中不连续的多个文件和文件夹，如图 2-2-12 所示。

|菊花|沙漠|八仙花|水母|考拉|灯塔|

选择

企鹅 郁金香

图 2-2-12 复选框选择文件

8. 删除文件

（1）删除【Windows 7 练习】文件夹中的【灯塔】图片。

❶打开【Windows 7 练习】文件夹，选择【灯塔】图片，如图 2-2-13 所示。

❷单击【组织】。

❸单击【删除】，如图 2-2-14 所示。

❹在打开的【删除文件】对话框中单击【是】。

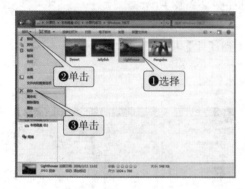

图 2-2-13 删除文件

图 2-2-14 确认删除文件

（2）使用【Delete】键删除文件。选中需要删除的文件或文件夹，按下【Delete】键，即会弹出【删除文件】对话框，单击【是】即可删除文件。

（3）回收站。上述操作方法会将文件删除到【回收站】，在回收站中，可将删除的文件彻底删除或将删除文件还原。

彻底删除文件：打开【回收站】窗口，单击工具栏中的【清空回收站】，即可将回收站中的文件彻底删除。彻底删除的文件无法还原。

还原删除文件：打开【回收站】窗口，单击工具栏上【还原所有项目】，即可将回收站中的所有文件还原到删除前位置。

或在【回收站】中选择需要还原的文件或文件夹。单击工具栏上【还原此项目】，即可将选择的文件或文件夹还原到删除前位置。

9. 将【计算机练习】文件夹添加到【库】 为了方便打开常用的文件或文件夹，可将文件或文件夹添加到【库】，如可将新建的【计算机练习】文件夹添加到【库】。

❶双击桌面【计算机】，单击导航窗格【库】，如图 2-2-15 所示。

51

❷单击工具栏上【新建库】。

❸输入名称【计算机练习】，如图 2-2-16 所示。

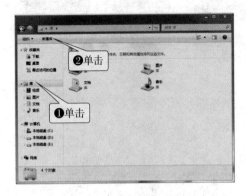

图 2-2-15　新建库　　　　　　　　　　　　　　　　图 2-2-16　新建库命名

❹单击导航窗格【计算机练习】库，如图 2-2-17 所示。

❺单击【包括一个文件夹】。

❻在打开的对话框中单击【本地磁盘(D:)】，如图 2-2-18 所示。

❼选择【计算机练习】文件夹。

❽单击【包括文件夹】按钮即可将文件夹包含到【库】中。

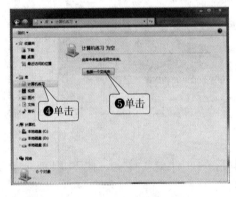

图 2-2-17　文件夹包括到库　　　　　　　　　　　　图 2-2-18　文件夹包括到库

将文件夹添加到【库】以后，只需打开【计算机】窗口，单击【库】中的【计算机练习】，即可使用相应的文件，如图 2-2-19 所示。

【库】是 Windows 7 系统中的一种文件组织功能，它是管理各种类型文件的一个位置索引，Windows 7 默认包含了视频、图片、文档和音乐 4 个库。如在磁盘上不同位置有几个存放音频文件的文件夹，可以将这几个文件夹都添加到【音乐】库中，这样只需要单击库中的【音乐】，即可找到不同位置文件夹中的所有音频文件。

10. 搜索文件　打开【计算机】窗口，在右上角窗口搜索框中输入搜索内容【计算机练习】，内容显示窗格中会自动筛选出包含【计算机练习】的文件和文件夹，如图 2-2-20 所示。

图 2-2-19 使用【库】打开文件

三、安装与卸载应用程序

在操作系统中，我们还可以根据使用需要，安装各种应用程序。

1. 安装 WinRAR 软件 准备安装 WinRAR 文件，双击 WinRAR 安装文件，打开【安装】对话框。

❶单击【安装】开始安装，如图 2-2-21 所示。

❷设置相关选项后单击【确定】，如图 2-2-22 所示。

❸单击【完成】完成安装，如图 2-2-23 所示。

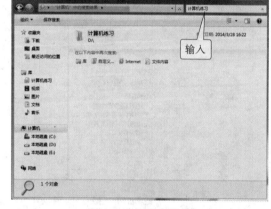

图 2-2-20 搜索文件

图 2-2-21 安装 WinRAR 软件

图 2-2-22 安装 WinRAR 软件

2. 使用 WinRAR 软件

（1）压缩【Windows 7 练习】文件夹。

❶打开 D 盘，鼠标右键单击【Windows 7 练习】文件夹，在打开的快捷菜单中选择【添加到压缩文件】，在【压缩文件名】中输入【Windows 7 练习】，如图 2-2-24 所示。

❷单击【确定】。

❸WinRAR 软件将自动对文件夹进行压缩并保存在相同的目录中，如图 2-2-25 所示。

（2）压缩文件的解压缩。

❶双击压缩文件【Windows 7 练习】，打开 WinRAR 窗口，单击【解压到】，如图 2-2-26 所示。

❷选择解压文件的所要保存的目录，单击【确定】，文件将被解压到相应目录，如图 2-2-27 所示。

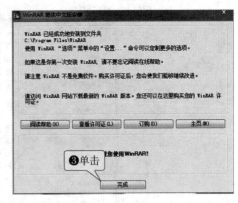

图 2-2-23 安装 WinRAR 软件

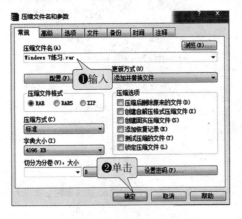

图 2-2-24 压缩文件

图 2-2-25 压缩文件

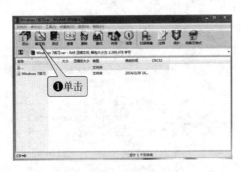

图 2-2-26 解压缩文件

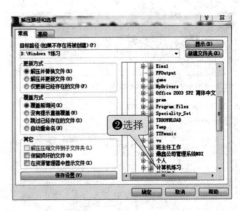

图 2-2-27 解压缩文件

3. 卸载 WinRAR 软件

❶单击【开始】，在【开始菜单】中单击【控制面板】选项，在窗口中单击【卸载程序】，如图 2-2-28 所示。

❷选择【WinRAR】图标。

❸单击工具栏中的【卸载】，如图 2-2-29 所示。

❹在打开的对话框中单击【是】，完成 WinRAR 卸载，如图 2-2-30 所示。

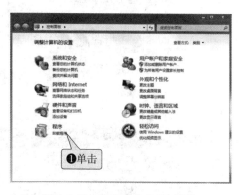

图 2-2-28 卸载 WinRAR 软件

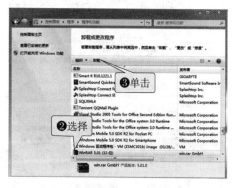

图 2-2-29 卸载 WinRAR 软件

四、管理磁盘

1. 查看 C 盘的使用情况

（1）双击桌面【计算机】，在弹出的窗口右击【本地磁盘(C:)】，在打开的快捷菜单中单击【属性】。

（2）在打开的【本地磁盘(C:)属性】对话框中，可以查看 C 盘的属性，如容量、已用空间及可用空间等，如图 2-2-31 所示。

2. 对 C 盘进行磁盘清理 在使用计算机的过程中，会产生许多临时文件，这些文件会占用磁盘空间并会影响计算机系统的运行速度，我们可以定期使用磁盘清理的功能来删除这些文件。

❶打开【本地磁盘(C:)属性】对话框，单击【磁盘清理】，系统弹出【磁盘清理】对话框并自动计算 C 盘可释放的空间，如图 2-2-32 所示。

❷在打开的【(C:)的磁盘清理】对话框中可查看 C 盘可删除的文件，单击【确定】，如图 2-2-33 所示。

❸在【磁盘清理】对话框中单击【删除文件】，如图 2-2-34 所示，系统自动删除文件并释放空间，如图 2-2-35 所示。

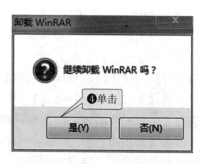

图 2-2-30 卸载 WinRAR 软件

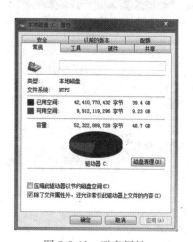

图 2-2-31 磁盘属性

55

图 2-2-32　磁盘清理

图 2-2-33　磁盘清理

图 2-2-34　磁盘清理

图 2-2-35　磁盘清理

3. 对 C 盘进行碎片整理　系统在使用过程中，许多操作如复制、删除文件，安装、卸载软件都会产生磁盘碎片，磁盘碎片过多时，会影响计算机系统的运行速度。可以使用碎片整理的功能对磁盘进行整理。

❶在打开的【本地磁盘(C:)属性】对话框中，选择【工具】选项卡，如图 2-2-36 所示。

❷单击【立即进行碎片整理】。

❸在【磁盘碎片整理程序】对话框中，选择需要碎片整理的磁盘，如图 2-2-37 所示。

❹单击【分析磁盘】，等待系统对磁盘进行分析。

❺根据分析结果，如有必要可单击【磁盘碎片整理】进行碎片整理。

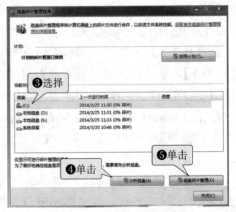

图 2-2-36　磁盘碎片整理

图 2-2-37　磁盘碎片整理

活学活用

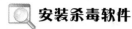 **安装杀毒软件**

活动要求　1.进入 360 官网，下载【360 杀毒】软件安装文件。

2.安装【360 杀毒】软件，将安装目录改为【D:\360sd】。

3.安装完成后，找一找，还可以用哪些方法运行 360 杀毒软件？

4.卸载【360 杀毒】软件。

案例三　保护我的计算机

　　培训部的老师发现李丽在浏览邮箱中的垃圾邮件和广告邮件，当即制止了她的这种行为，并警告李丽：这样做极易导致计算机感染病毒，从而对计算机中的操作系统和存储的数据产生威胁，严重时会导致系统崩溃和文件丢失。在日常操作计算机时，应该具备一定的安全意识，采取必要的防护措施。

一、了解计算机信息系统安全并规范的使用计算机

　　信息安全是指计算机信息系统中的硬件、软件及系统中的数据受到保护，可以抵御非法的攻击和病毒的传播，保证计算机系统的正常运作，保证信息不因恶意行为而遭到破坏、更改或泄露。

　　随着网络的普及，计算机信息安全也受到越来越大的威胁，因此，应做到正确、安全地使用计算机，在日常使用计算机时应注意：

　　（1）按照正常的程序开、关机。

　　（2）定期对系统进行更新，打好系统补丁，修复系统漏洞。

　　（3）定期更新杀毒软件，并使用杀毒软件扫描计算机。

　　（4）使用移动存储设备如 U 盘、移动硬盘、手机等，要使用杀毒软件扫描确认无毒后再使用。

　　（5）对公共软件、共享软件及网上下载的软件要使用杀毒软件扫描确认无毒后再使用。

　　（6）不轻易相信聊天工具中对方发过来的文件、软件和网页链接等。

　　（7）对计算机的重要的数据、资料等定期进行备份。

　　另外，根据国家制定的计算机使用相关法律法规，在使用计算机时也要养成良好的道德行为规范，要做到：

　　（1）不利用计算机网络窃取国家机密和个人隐私、盗取他人密码，复制、传播色情内容等。

（2）不使用计算机网络对他人进行人身攻击、诽谤和诬陷。

（3）不使用计算机网络破坏别人的计算机资源。

（4）不制造和传播计算机病毒。

（5）不窃取别人的软件资源。

（6）不使用盗版软件。

二、计算机犯罪与知识产权保护

1. 计算机犯罪 所谓计算机犯罪，就是在信息活动领域中，利用计算机信息系统或计算机信息知识作为手段，或者针对计算机信息系统，对国家、团体或个人造成危害，依据法律规定，应当予以刑罚处罚的行为。

计算机犯罪是属于高技术性的犯罪行为，所使用的手法较为隐秘且不易察觉，常见的计算机犯罪的类型和手段如下：

（1）非法入侵计算机信息系统。

（2）利用计算机实施贪污、盗窃、诈骗和金融犯罪等活动。

（3）利用计算机传播反动和色情等有害信息。

（4）知识产权的侵犯。

（5）网上经济诈骗。

（6）网上诽谤，个人隐私和权益遭受侵犯。

（7）利用网络进行暴力犯罪。

（8）破坏计算机系统，如病毒危害等。

2. 软件知识产权及保护

（1）软件知识产权。知识产权就是人们对自己的智力劳动成果所依法享有的权利，是一种无形财产。

软件知识产权是计算机软件人员对自己的研发成果依法享有的权利。由于软件属于高新科技范畴，目前国际上对软件知识产权的保护法律还不是很健全，大多数国家都是通过著作权法来保护软件知识产权的，与硬件相关密切的软件设计原理还可以申请专利保护。

（2）软件知识产权的法律适用。著作权：著作权是作者根据《中华人民共和国著作权法》，对自己创作的作品所享有专有权利的总和。1990年9月我国首次颁布《著作权法》，2001年10月修订，我国《著作权法》规定：计算机软件是受著作权法保护的一类作品。设计专利权：应用端的工程技术、技巧性设计方案，可以申请专利保护。形式表现商标权：产品名称、软件界面等形式表现的智力成果，可以申请商标保护。

（3）我国软件知识产权的法律体系。1990年9月，我国颁布了《中华人民共和国著作权法》，并于1991年6月1日开始实施，该法律明确计算机软件为保护对象。1991年6月，国务院正式颁布了我国《计算机软件保护条例》，并于1991年10月1日开始实施。2002年1月1日，新版《计算机软件保护条例》开始实施，旧版同时废止。

其他相关的法律法规还有《电子出版物管理规定》《计算机信息网络国际联网的安全保护管理办法》《计算机信息系统安全专用产品检测和销售许可证管理办法》《计算机信息系统国际联网保密管理规定》《中国公众多媒体通信管理办法》等。

3. **网络道德规范** 随着信息技术的深入发展和广泛应用，网络中已出现许多不容回避的道德与法律的问题。因此，在我们充分利用网络提供的历史机遇的同时，抵御其负面效应，大力进行网络道德建设已刻不容缓。

（1）有关网络道德规范的要求。你不应该用计算机去伤害他人；你不应干扰别人的计算机工作；你不应窥探别人的文件；你不应用计算机进行偷窃；你不应用计算机作伪证；你不应使用或拷贝没有付钱的软件；你不应未经许可而使用别人的计算机资源；你不应盗用别人的智力成果；你应该考虑你所编的程序的社会后果；你应该以深思熟虑和慎重的方式来使用计算机。

（2）全国青少年网络文明公约。2001年11月22日上午，共青团中央、教育部、文化部、国务院新闻办公室、全国青联、全国学联、全国少工委、中国青少年网络协会在人民大学联合召开网上发布大会，向社会正式发布《全国青少年网络文明公约》，其内容如下：

要善于网上学习，不浏览不良信息。要诚实友好交流，不侮辱欺诈他人。要增强自护意识，不随意约会网友。要维护网络安全，不破坏网络秩序。要有益身心健康，不沉溺虚拟时空。

三、计算机病毒

计算机病毒指"编制者在计算机程序中插入的破坏计算机功能或者破坏数据，影响计算机使用并且能够自我复制的一组计算机指令或者程序代码"。

计算机病毒能造成计算机系统运行缓慢、破坏存储的数据、网络堵塞甚至盗取计算机内的机密文件和用户的隐私、账号信息等，造成经济损失。因此，在日常使用计算机时，应安装杀毒软件并定期杀毒。

1. 使用360杀毒软件

❶打开【360杀毒】，单击【快速扫描】，如图2-3-1所示，观察软件扫描项目，如图2-3-2所示。

图2-3-1 使用杀毒软件

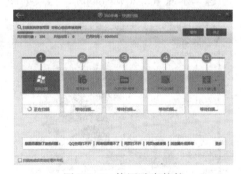

图2-3-2 使用杀毒软件

❷扫描完毕，在窗口显示扫描出的病毒或系统异常项目，选择处理方式（【暂不处理】或【立即处理】）；软件显示处理结果，如图2-3-3所示。

2. 常见计算机病毒的种类

（1）木马病毒。木马病毒是通过一段特定的程序（木马程序）来控制另一台计算机。一般通过网络或捆绑在其他软件中进入计算机并隐藏，它能在系统中安装后门程序，向外界泄露用户敏感信息。木马病毒的主要目的是窃取计算机数据，如电子邮件账号密码、即时通信工具（QQ、MSN 等）的账号密码，并获取经济利益。

图 2-3-3　使用杀毒软件

（2）蠕虫病毒。蠕虫病毒的特点是消耗系统资源对自身进行复制，通过网络或系统漏洞进行传播。在通过网络进行传播的过程中，占用了大量的网络带宽，阻塞网络并且感染存在系统漏洞的计算机或服务器。

（3）恶意脚本。脚本病毒通常是 JavaScript 代码编写的恶意代码，主要通过网页传播。脚本病毒会修改 IE 首页、修改注册表信息、弹出广告，造成用户使用计算机不方便。

3. 病毒的传播途径

（1）通过网络传播。在网络中，病毒可以通过电子邮件、网页浏览、下载文件以及通过即时通信软件的文件传送文件等方式传播。

（2）通过移动存储设备传播。移动存储设备指移动硬盘、U 盘、光盘以及手机等带有存储功能的设备，当设备连接到计算机时，实现病毒的复制和传播。

四、使用 Windows Defender 防范间谍软件

Windows 7 内置的 Windows Defender 是一个用来移除、隔离和预防间谍软件的程序，可以对系统进行扫描并且对系统进行实时监控、移除已安装的 ActiveX 插件、清除大多数微软的程序和其他常用程序的历史记录，使用方法如下：

❶打开【控制面板】，选择查看方式为【大图标】，如图 2-3-4 所示。

❷单击【Windows Defender】，如图 2-3-5 所示。

图 2-3-4　控制面板

图 2-3-5　大图标查看方式

❸单击【扫描】右侧【扫描选项】，选择【快速扫描】，如图 2-3-6 所示。

［注］Windows Defender 软件默认处于实时监控状态，并且每天定时对系统进行 1 次快速扫描。Windows Defender 软件会随 Windows Update 自动更新，无需用户操作。

五、启动 Windows 防火墙

Windows 防火墙能对系统中的软件访问网络进行控制，防止恶意程序通过网络危害计算机信息系统的安全。

❶打开【控制面板】，单击【系统和安全】，单击打开【Windows 防火墙】，如图 2-3-7 所示。

图 2-3-6　Windows Defender

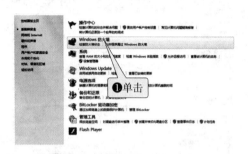

图 2-3-7　Windows 防火墙

❷单击【打开或关闭 Windows 防火墙】，如图 2-3-8 所示。
❸选择【启用 Windows 防火墙】，单击【确定】，如图 2-3-9 所示。

图 2-3-8　打开防火墙

图 2-3-9　启动防火墙

Windows 7 将网络分为了公用网络和专用网络（家庭网络、工作网络）。其中，专用网络为可信任网络，系统会自动应用比较松散的防火墙策略，从而实现在局域网中共享文件、打印机、流媒体等功能。当选择家庭网络时，Windows 7 会自动进行"家庭组"的配置，如检测局域网中是否存在家庭组、配置家庭组中的共享设置、加入家庭组等。

公用网络为不可信任网络，选择公用网络则会在 Windows 防火墙中应用较为严格的防火墙策略，如在公用网络中不能共享计算机上的文件或设备，从而在公共区域保护计算机不受外来计算机的侵入。

六、创建系统还原点及还原系统

Windows 7 提供了系统还原功能，在计算机系统正常使用的状态下，可以创建系统的还

61

原点，当计算机系统出现故障时，可利用创建的还原点快速将系统还原到可以正常使用的状态。

1. 创建系统还原点

❶打开【控制面板】，单击【系统和安全】→【系统属性】→【系统保护】；弹出【系统属性】对话框，单击【创建】，如图 2-3-10 所示。

❷在弹出的【系统保护】对话框中输入还原点的名称，如图 2-3-11 所示。单击【创建】。

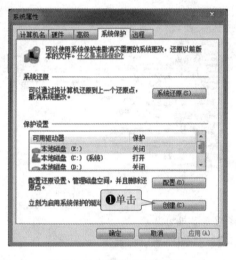

图 2-3-10　创建系统还原点

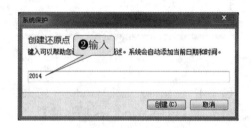

图 2-3-11　创建系统还原点

❸系统将会自动创建还原点，如图 2-3-12 所示。成功创建还原点后单击【关闭】，如图 2-3-13 所示。

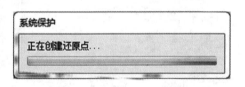

图 2-3-12　创建系统还原点

图 2-3-13　创建系统还原点

2. 还原系统

❶单击【控制面板】→【系统】→【系统保护】→【系统还原】，单击【下一步】，如图 2-3-14 所示。

❷选择创建的还原点，单击【下一步】，如图 2-3-15 所示。

❸单击【完成】，如图 2-3-16 所示。

❹在弹出的确认对话框中单击【是】，开始系统还原，如图 2-3-17 所示。

3. Windows 7 的文件备份和还原　　Windows 7 对计算机中的个人文件和设置提供了备份和还原功能，我们可以自行选择备份内容，同时可以制订备份计划定期进行文件的备份，能有效地保证文件的安全。

图 2-3-14 还原系统（1）

图 2-3-15 还原系统（2）

图 2-3-16 还原系统（3）

图 2-3-17 还原系统（4）

（1）文件备份的步骤。打开【控制面板】，选择查看方式为【大图标】，单击【备份和还原】。在弹出的【备份或还原文件】窗口中单击【设置备份】。在【设置备份】对话框中选择保存备份的位置，如本地磁盘（D:），单击【下一步】。在【您希望备份哪些内容？】页面中，单击【让 Windows 选择】，单击【下一步】，也可单击【让我选择】，选择需要备份的内容后再单击【下一步】。在【查看备份设置】页面中单击【保存设置并进行备份】即可开始保存备份设置，随后返回到【备份或还原文件】窗口开始备份，同时显示备份进度。

（2）文件还原的步骤。打开【备份或还原文件】窗口，单击【还原我的文件】。在弹出的【还原文件】对话框中单击【浏览文件夹】。在【浏览文件夹或驱动器的备份】对话框中选择之前的备份文件夹，单击【添加文件夹】，页面显示备份目录，确认后单击【下一步】。在【您想在何处还原文件？】页面中，单击【在原始位置】，单击【还原】即可开始文件还原。

4. 使用 Windows Update Windows Update 是 Windows 系统的自动更新工具，通过 Windows Update 可以修补系统漏洞，下载更多软件、硬件驱动以扩展系统的功能，解决系统兼容性问题，能让系统更安全、更稳定。

打开【控制面板】，单击【系统和安全】→【Windows Update】即可打开 Windows Update 页面，如图 2-3-18 所示。

单击【安装更新】可选择可用的更新进行安装；单击【检查更新】可以检查是否有新

的可用更新；单击【更改设置】可对 Windows Update 进行设置，选择系统安装更新的方法。

图 2-3-18　Windows Update

● ● ● ● ● **活 学 活 用** ● ● ● ● ●

 **使用杀毒软件**

活动要求　1. 常见的杀毒软件有：金山毒霸杀毒软件、瑞星杀毒软件、卡巴斯基杀毒软件、江民杀毒软件、诺顿杀毒软件等。讨论我们经常使用的杀毒软件的优缺点。

2. 想想安装了杀毒软件是不是计算机就万事大吉、高枕无忧了呢？

3. 使用国产杀毒软件金山毒霸手动杀毒。

4. 选择一个文件夹，右键杀毒。

案例四　使用 Windows 7 附件

　　李丽在使用计算机处理业务时，一边使用计算机，一边使用计算器计算数据。培训部老师告诉李丽：Windows 7 为了满足用户的需求、方便使用，提供了许多功能简单但使用方便的小程序，并将这些小程序统一组织于 Windows 7 的附件中。这其中就包含了诸如【计算器】之类的小程序。

一、使用截图和画图工具

1. 使用截图工具　打开【开始菜单】，单击【所有程序】，展开【附件】，单击【截图工具】启动截图工具。

❶在【截图工具】对话框中单击【新建】右侧下拉按钮，在下拉列表中选择【矩形截

图】，如图 2-4-1 所示。

❷按住鼠标左键拖动一个矩形框覆盖桌面 Windows 图标，放开鼠标，选取的矩形范围即可被截为图片并显示在截图工具窗口内，如图 2-4-2 所示。

图 2-4-1 使用截图工具

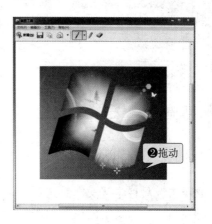

图 2-4-2 使用截图工具

❸单击菜单中【文件】，单击【另存为】，如图 2-4-3 所示。

❹在【另存为】对话框中选择保存位置为之前案例创建的【Windows 7 练习】文件夹，如图 2-4-4 所示。

❺在【文件名】中输入名称【图标截图】，单击【保存】。

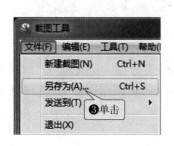

图 2-4-3 使用截图工具

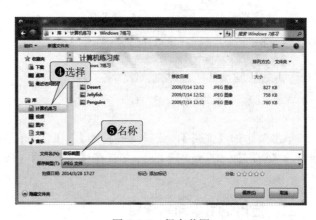

图 2-4-4 保存截图

2. 使用画图工具 画图工具是 Windows 自带的一个位图编辑器，可以对图像进行编辑修改，也可用于绘制简单的图形，画图工具可将图像文件保存为 BMP、JPG、PNG、GIF 等格式。

打开【开始菜单】，单击【所有程序】，展开【附件】，单击【画图工具】以启动画图工具。

❶单击【文件】→【打开】，如图 2-4-5 所示。

❷在【打开】对话框中，单击【计算机练习】文件夹，找到使用截图工具保存的【图标截图】图片，如图 2-4-6 所示。单击【打开】，图片即显示在画图窗口中。

图 2-4-5　使用画图工具

图 2-4-6　使用画图工具

❸单击工具栏中【文本】选项卡，如图 2-4-7 所示。

❹在需要输入文字的位置单击鼠标，出现文本框，在文本框中输入【Windows 7 徽标】，如图 2-4-8 所示。

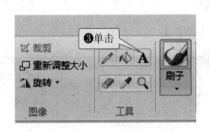

图 2-4-7　使用画图工具

图 2-4-8　使用文本框

单击菜单中【文件】，选择【另存为】。在【另存为】对话框中选择保存位置为之前案例创建的【Windows 7 练习】文件夹，在【文件名】中输入名称【徽标截图编辑】，单击【保存】。

二、使用记事本和写字板

1. 使用记事本　记事本是 Windows 的文本编辑器，使用方便、快捷，常用于输入和记录各种文本内容。

打开【开始菜单】，单击【所有程序】，展开【附件】，单击【记事本】启动记事本程序，如图 2-4-9 所示。

❶在打开的记事窗口中输入文字，如图 2-4-10 所示。

❷单击菜单中【格式】，单击【自动换行】，如图 2-4-11 所示。输入的文字在记事本中折行显示，如图 2-4-12 所示。

❸单击菜单中【格式】选项卡，选择【字体】，打开【字体】对话框。设置字体【微软雅黑】、字形【倾斜】、字号【三号】，单击【确定】观察效果，如图 2-4-13 和图 2-4-14 所示。

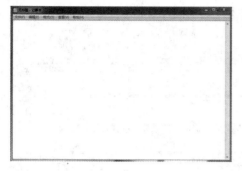

图 2-4-9　使用记事本

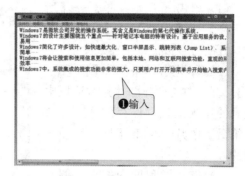

图 2-4-10　使用记事本

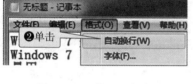

图 2-4-11　使用记事本

图 2-4-12　使用记事本

67

图 2-4-13　使用记事本

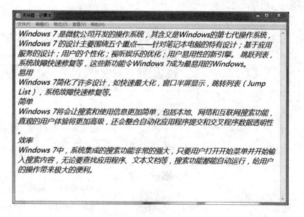

图 2-4-14　使用记事本

　　单击菜单中【文件】，单击【另存为】。在【另存为】对话框中选择保存位置为案例二创建的【Windows 7 练习】文件夹，在【文件名】中输入名称【Windows 7 简介】，单击【保存】。

　　2. 使用写字板　写字板也是 Windows 7 自带的文本编辑程序，相比记事本，写字板有更丰富的文字处理功能，并且可以在文档中嵌入图片、图形及其他文档等对象，可以实现文档的图文混排，如图 2-4-15 所示。

（1）单击【开始菜单】→【所有程序】→【附件】→【写字板】，在打开的写字板窗口中输入文字。

（2）单击工具栏中【插入图片】，打开的【选择图片】对话框中找到使用画图工具保存的【徽标截图编辑】图片，单击【打开】插入图片。

（3）拖动图片四周控点，调整图片高度和宽度。

（4）单击菜单中【文件】，单击【另存为】。在【另存为】对话框中选择保存位置为案例二中创建的【Windows 7 练习】文件夹，在【文件名】中输入名称【Windows 7 简介】，单击【保存】。

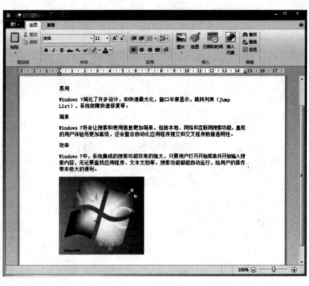

图 2-4-15　使用写字板

三、使用附件中其他工具

附件中其他常用工具，见表 2-4-1。

表 2-4-1　Windows 7 常用附件

附件工具	图标	作　　用
计算器		用于进行数学运算的小程序，可以进行加、减、乘、除等简单的数学运算，也可以进行复杂的函数和科学运算。分为"标准型""科学型""程序员"以及"统计信息" 4 种模式
便笺		在使用计算机时，临时记录备忘信息并显示在桌面
屏幕键盘		程序模拟的虚拟键盘，通过用鼠标单击虚拟键盘上的按键，可以实现与正常键盘相同的输入操作
放大镜		可以将计算机屏幕上的任何内容放大，以便清晰地查看屏幕内容
录音机		可以录制声音，并可将录制的声音作为音频文件保存在计算机中

（续）

附件工具	图标	作　用
数学输入面板		可以以书写的方式输入繁琐的数学表达式
远程桌面连接		可以远程登录计算机的桌面，并远程使用计算机

四、命令行窗口

在 Windows 系统中，命令提示符在系统、网络管理和维护工作中起着重要的作用。在 Windows 7系统中更集成了新一代命令行工具 Windows Power Shell。在【附件】中单击展开【Windows PowerShell】，单击【Windows PowerShell】即可启动，如图 2-4-16 所示。

图 2-4-16　Windows PowerShell

Windows PowerShell 通过命令行的形式管理系统进程，服务，注册表，系统日志甚至证书等多项内容。

如检查 Windows 系统版本的命令是【winver】，如图 2-4-17 所示。

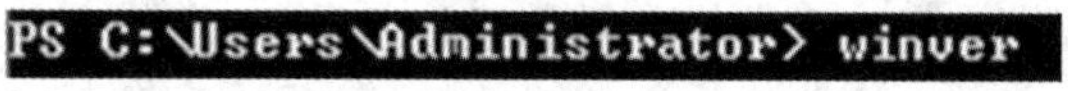

图 2-4-17　winver 命令

在窗口中输入【winver】命令后按下【Enter】键，会弹出【关于 "Windows"】对话框，即可查看 Windows 系统的版本，如图 2-4-18 所示。

图 2-4-18　关于 "Windows"

再如对 Windows 系统进行配置命令是【msconfig】，如图 2-4-19 所示。

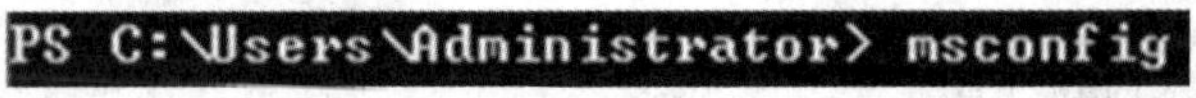

`PS C:\Users\Administrator> msconfig`

图 2-4-19　msconfig 命令

在窗口中输入【msconfig】命令后按下【Enter】键，会弹出【系统配置】对话框，即可进行常用的系统配置，如取消某一开机自动启动的项目，如图 2-4-20 所示。

图 2-4-20　系统配置

••••• 活学活用 •••••

🔍 使用计算器

活动要求　1.展开附件，打开【计算器】，单击【查看】，选择【单位转换】。

2.转换的单位类型选择【温度】，计算 30℃为多少华氏度。

3.利用截图工具将计算结果截图保存在【Windows 7 练习】文件夹中。

🔍 使用便笺

活动要求　1.展开附件，打开【便笺】。

2.输入文字【下课以后到教室开班会】，观察结果。

第三单元 使用因特网(Internet)

3

　　因特网（Internet）是全球性的网络，是一种公用信息的载体，这种大众传媒比以往的任何一种通讯媒体都要快。本单元要求了解、掌握因特网的基本知识和操作；掌握接入因特网的方法；掌握收集信息的技巧；掌握使用电子邮件、QQ、网上求职等网络服务与应用。

因特网预备知识

案例一　接入因特网

案例二　获取网络信息

案例三　收发电子邮件

案例四　使用网络软件

案例五　网络服务应用

因特网预备知识

一、因特网的概念

Internet 即互联网，又称为"因特网"，是将分布在世界各地、类型各异、规模大小不一、数量众多的计算机网络互相联系在一起而形成的网络集合体，是当今最大和最流行的国际性网络。人们可以在互联网上聊天、玩游戏、观看视频、收发邮件等。更为重要的是互联网正在改变着我们的生活方式，如在互联网上进行广告宣传和购物，在数字知识库里寻找自己学业上、事业上的所需，通过微博随时随地向朋友及周围人群分享自己当前的所见所闻所感。

二、因特网提供的服务功能

1. 万维网（WWW） WWW 中文称为"万维网""环球网"等，常简称为 Web。分为 Web 客户端和 Web 服务器程序。WWW 可以让 Web 客户端（常用浏览器）访问浏览 Web 服务器上的页面。WWW 提供丰富的文本和图形、音频、视频等多媒体信息，并将这些内容集合在一起，并提供导航功能，使得用户可以方便地在各个页面之间进行浏览。

2. 电子邮件（E-mail） 电子邮件又称为 E-mail，其工作过程遵循客户机—服务器模式。每份电子邮件的发送都要涉及发送方与接收方，发送方式构成客户端，而接收方构成服务器，服务器含有众多用户的电子信箱。

电子邮件在发送与接收过程中都要遵循 SMTP、POP3 等协议。

3. 文件件传输协议（FTP） FTP 意为文件传输协议，用于管理计算机之间的文件传送。FTP 通常指文件传输服务。FTP 是 Internet 上使用非常广泛的一种通讯协议。它是由支持 Internet 文件传输的各种规则所组成的集合，这些规则使 Internet 用户可以把文件从一台主机拷贝到另一台主机上，因而提供了极大的方便和收益。

4. 远程登录（Telnet） Telnet 又称为远程登录，即本机计算机与网络中的远程计算机取得"联系"，并进行读取文件、编辑文件、删除文件等程序交互。应用 Telnet 协议能够把本地用户所使用的计算机变成远程主机系统的一个终端。

5. 电子公告牌系统（BBS） 电子公告牌服务（Bulletin Board Service，BBS）是 Internet 上的一种电子信息服务系统，具有下载数据或程序、上传数据、阅读新闻、与其他用户交换消息等功能。目前，BBS 也泛指网络论坛或网络社群。

案例一　接入因特网

雷明工作于一家运营在天猫网站的电子商务公司。近期公司搬进了一幢新的办公楼，但是网络无法连通，给办公带来很多麻烦，为了实现网络连通，雷明通过有线接入互联网。随着科技的进步，有线网络已经不能满足大家的需求，于是在同事们的强烈要求下，他随后又设置了无线网络连接。

一、建立宽带连接

1. 建立宽带连接图标　通常情况下，系统安装完毕后会自动创建一个宽带连接图标，如果桌面没有生成宽带连接图标或创建以后删除了，我们可以创建宽带连接图标，操作步骤如下：

❶单击【开始】，弹出开始菜单内容选中【控制面板】，如图 3-1-1 所示。

图 3-1-1　打开控制面板

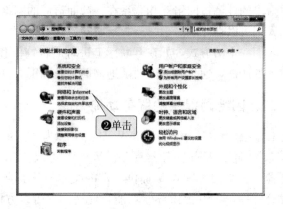

图 3-1-2　控制面板

❷单击【控制面板】，弹出【控制面板】，如图 3-1-2 所示；单击【网络和 Internet】图标，进入网络设置窗口，如图 3-1-3 所示。

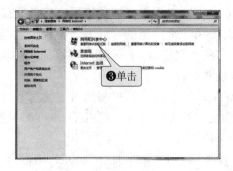

图 3-1-3　网络和 Internet

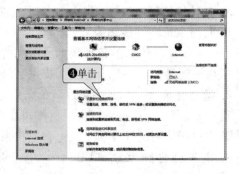

图 3-1-4　网络和共享中心

❸单击【网络和共享中心】，弹出【查看基本网络信息并设置连接】对话框，如图 3-1-4 所示。

❹在【查看网络基本网络信息并设置连接】对话框中，单击【设置新的连接或网络】选项，弹出【设置连接或网络】对话框。

❺单击【连接到 Internet】，单击【下一步】，如图 3-1-5 所示。

❻在【连接到 Internet】对话框中，输入用户名和密码，单击【连接】，如图 3-1-6 所示。

❼在【连接到 Internet】对话框中，选择【否，创建新连接（C）】，单击【下一步】，自动创建宽带连接图标，如图 3-1-7 所示。

图 3-1-5 设置连接或网络

图 3-1-6 连接到 Internet

2. 配置 TCP/IP 协议

❶右击桌面网络连接图标,如图 3-1-8 所示。

❷在右击后的下拉列表中单击【属性】,打开【网络和共享中心】对话框,如图 3-1-9 所示。

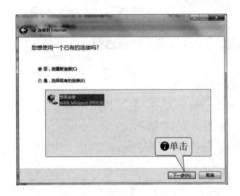

图 3-1-7 宽带连接图标

图 3-1-8 网络图标

图 3-1-9 网络右键菜单

❸在【网络和共享中心】对话框中单击【连接:本地连接】,如图 3-1-10 所示。

❹在【本地连接状态】对话框中单击【属性】,如图 3-1-11 所示。

❺在【网络连接属性】对话框中,单击【网络】→【Internet 协议版本 4(TCP/IPv4)】→【属性】,如图 3-1-12 所示。

❻在【Internet 协议版本 4(TCP/Pv4)】对话框中,单击【使用下面的 IP 地址(s)】,设置 IP 地址、子网掩码、默认网关、首选 DNS 服务器、备用 DNS 服务器,在设置以上参数时,可根据网络实际情况设置,如图 3-1-13 所示。

❼单击【确定】完成基本设置。现在,打开 IE 浏览器就可以畅游网络,查询自己所

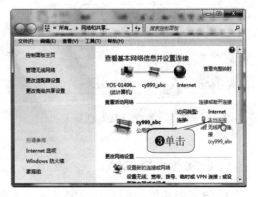

图 3-1-10 打开本地连接

需要的信息。

图 3-1-11　本地连接状态　　　图 3-1-12　网络连接属性　　　图 3-1-13　IP 地址属性

二、ADSL 拨号接入因特网

设置完 IP 地址后，需要通过拨号的方式接入因特网，操作步骤如下：

❶双击桌面【宽带连接】图标（系统默认桌面快捷方式），如图 3-1-14 所示。

图 3-1-14　宽带连接图标

❷在打开的【宽带连接】对话框中，输入用户名和密码（用户在电信、联通、网通、铁通公司注册所获得的用户名和密码），单击【为下面用户保存用户名和密码】，方便今后使用时自动保存用户名和密码，如图 3-1-15 所示。

❸在【宽带连接】对话框中，单击【连接】，弹出宽带连接状态提示对话框，如图 3-1-16 所示。

图 3-1-15　宽带连接对话框　　　　　　　　图 3-1-16　连接对话框

三、配置无线网络

1. 设置路由器　随着互联网技术的发展，新的入网方式也随之诞生，人们开始利用无线电代替网线接入网络。在使用无线网络前，首先要配置路由器，操作步骤如下：

❶启动 IE 浏览器，在浏览器地址栏中输入 192.168.1.1，如图 3-1-17 所示。

❷回车后弹出如图 3-1-18 所示对话框（特别注意：计算机 TCP/IP 协议先设置【自动获取 IP 地址（0）】选项，不能设置【固定 IP】地址，否则不能通过路由器设置对话框）。输入用户名和密码，默认均为【admin】，单击【确定】。

图 3-1-17　启动 IE 浏览器

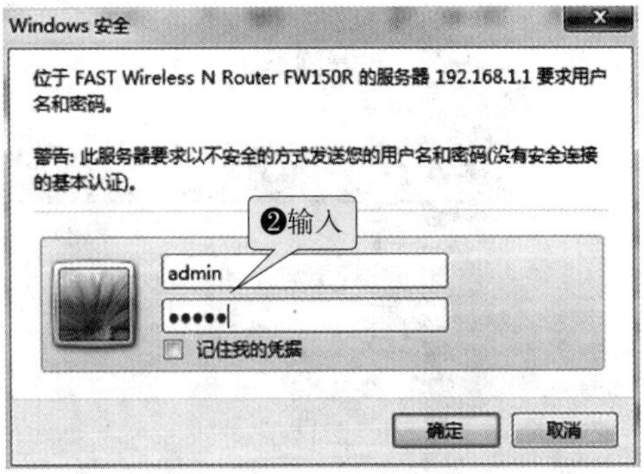

图 3-1-18　输入路由器账户

❸进入路由器设置界面【设置向导】，如图 3-1-19 所示，单击【下一步】。

❹选择【上网方式】，如图 3-1-20 所示，选择【让路由器自动选择上网方式（推荐）】之后单击【下一步】。

❺设置【静态 IP】，如图 3-1-21 所示，所有上网参数设置完后单击【下一步】。

图 3-1-19　路由器界面

❻设置无线网络 SSID 用户名称和 PSK 密码，记住用户所设置的用户名和密码，如图 3-1-22 所示。设置之后单击【下一步】。

❼单击图 3-1-23 中【完成】，弹出如图 3-1-24 所示窗口。在该窗口我们可以浏览路由器

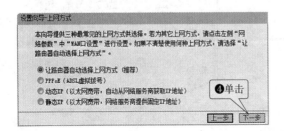

图 3-1-20　设置无线路由器上网方式

图 3-1-21　设置静态无线路由方式

当前的运行整个参数设置。

图 3-1-22　设置静态无线路由

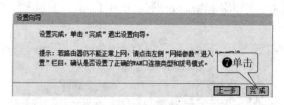

图 3-1-23　完成无线路由器基本设置

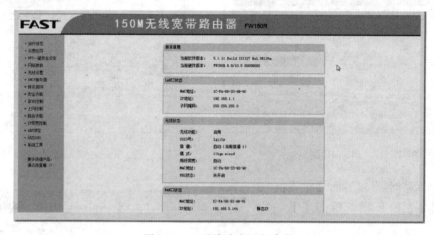

图 3-1-24　无线路由运行参数

2. 无线网络连接　如果需要使用无线网络，首先必须确定计算机已经配备了无线网卡，下面以 Windows 7 系统为例，根据实际情况进行连接无线网络。

❶单击任务栏右下角无线网络图标，如图 3-1-25 所示。

❷在弹出的【无线网络】对话框中选择设置的路由器名称，如图 3-1-26 所示，单击【连接】，输入事先设置的路由器 PSK 密码，出现如图 3-1-27 连接状态。

❸第 2 次单击任务栏右下角无线网络图标，弹出如图 3-1-28 所示的对话框，并提示【已连接】。

图 3-1-25　无线连接图标

图 3-1-26　选择无线网络

图 3-1-27 无线连接对话框

图 3-1-28 连接成功

●·●·●·● 活学活用 ●·●·●·●

🔍 接入有线网络

活动要求   1.确认计算机已插入网线。

2.通过控制面板，为计算机添加宽带连接。

3.进入【网络连接属性】对话框，检查 IP 地址的设置。IP 地址在局域网内需要固定，如果直接与服务商连接，可以选择自动生成。

4.通过宽带连接图标，输入服务商或局域网管理员提供的用户名和密码，接入有线网络。

🔍 接入无线网络

活动要求   1.根据路由器说明书设置路由器。

2.为路由器设置用户名和接入密码。

3.利用手机 WIFI，选择设置好的用户名，输入接入密码，连接无线网络。

✍ 案例二   获取网络信息

今年雷明所在的公司看中了一项政府采购项目，雷明的科室负责前期的资料准备，科室林主任认为雷明可以胜任此项工作，因此，她交代雷明通过政府采购网，了解采购的流程，并下载相关的文件。雷明决定通过 IE 浏览器，先登录搜索引擎，再通过搜索引擎找到"中国政府采购网"，然后查找相关的文件信息。

一、使用 IE 浏览器

Internet Explorer，简称 IE，是美国微软公司（Microsoft）推出的一款网页浏览器。如今，Internet Explorer 8.0 是微软公司发布的比较新的网络浏览器软件，已经将电子邮件工具、新闻组管理、网页编辑、网络会议及多媒体组件集成为一体。目前主流浏览器还有Firefox 和音速浏览器。

1. 启动浏览器　启动浏览器有两种方法：

方法一：直接双击桌面 IE 图标。双击桌面上默认的 IE 图标，如图 3-2-1 所示。启动浏览器后打开如图 3-2-2 所示主页，这是最常用的一种方式。

方法二：使用程序。

❶打开【开始】菜单，如图 3-2-3 所示。

❷从弹出的开始菜单中选择【所有程序】。

❸在【所有程序】菜单中单击【Internet Explorer（64）或 Internet Explorer】，启动浏览器，如图 3-2-4 所示。

图 3-2-1　IE 浏览器图标

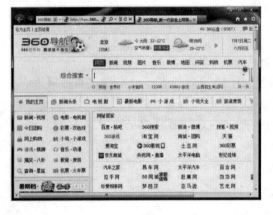

图 3-2-2　IE 浏览器主页　　　　图 3-2-3　开始菜单　　　图 3-2-4　所有程序菜单

2. IE 浏览器主页的设置与更改　为了方便、快速地进入网页，通常会在 IE 浏览器中设置综合型导向的网站，以【www. hao123.com】，操作步骤如下：

❶在 IE 浏览器中，从【工具】菜单下选择【Internet 选项】，如图 3-2-5 所示。

❷单击【Internet 选项】→【常规】，在【主页】一栏的文本框中输入网址：【http：// www. hao123.com】，如图 3-2-6 所示。

❸单击【确定】完成设置。

另外，如果将 IE 浏览器设置为【使用默认页】和【使用空白页】启动，单击【使用默认页】和【使用空白页】即可。

3. 浏览网页　通过 Internet Explorer 浏览器，可以很方便地浏览因特网上的资源，常见操作有两种形式，以打开可以搜索信息的百度网站为例。

❶在不知道网站准确地址的情况下，直

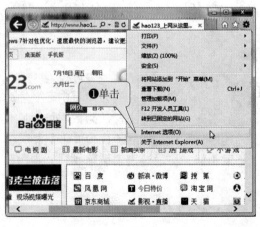

图 3-2-5　IE 浏览器工具菜单

接单击已设置好的主页网站链接，如图 3-2-7 所示。

❷在知道网站网址的情况下，在地址栏直接输入网址，如图 3-2-8 所示，然后按【Enter】键即可打开网站。

图 3-2-6　Internet 选项

图 3-2-7　利用主页打开网站

4. 收藏网页　我们在上网时，时常会遇到一些内容很精彩的网页页面，为了便于下次访问，又不必记录繁琐的地址，最好的办法就是使用 IE 浏览器所提供的收藏功能，将这些网页收藏起来，操作步骤如下：

❶打开【中国政府采购网】的网站，单击菜单栏上的【收藏夹】，则系统弹出下拉菜单，显示有【添加到收藏夹（A）】【添加到收藏夹栏（B）】【将当前所有网页添加到收藏夹（T）】等选项，如图 3-2-9 所示。

图 3-2-8　输入网址打开网站

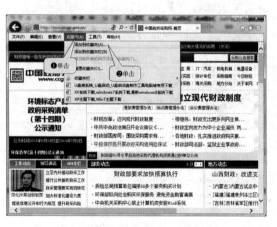

图 3-2-9　打开收藏夹菜单

❷单击【添加到收藏夹（A）】，则会在窗口的左侧打开【添加收藏】选择框。

❸输入网址名称，创建位置选择收藏夹，单击【添加】，即可把当前网页添加到收藏夹中，如图 3-2-10 所示。

❹如果再次访问已经添加到收藏夹的网址，只需打开【收藏夹（A）】菜单，在弹出的下拉列表中便可找到已收藏的站点，直接单击该站点即可，如图 3-2-11 所示。

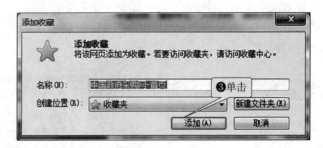

图 3-2-10　添加到收藏夹

5. 保存网页　在因特网中，我们会看到一些赏心悦目的网页和有价值的信息，想把它们保存到计算机（硬盘）上，供以后欣赏或使用，通常都可利用 IE 本身的保存功能。

保存整个页面的操作步骤如下：

❶单击【文件】，弹出下拉列表，如图 3-2-12 所示。

❷单击【另存为】，弹出【保存网页】对话框。

❸在【保存网页】对话框中，选择我们需要保存的磁盘路径、输入文件名、保存类型，也可以默认选择，最后单击【保存】即可，如图 3-2-13 所示。

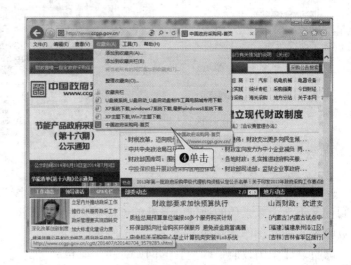

图 3-2-11　使用收藏夹

图 3-2-12　文件菜单

图 3-2-13　保存网页

二、使用搜索引擎

随着 Internet 的迅速发展，网上信息快速地进入了人们的生活中，这些信息散布在无数服务器上，如果不借助目录和索引等工具，将很难找到需要的信息。要在这个信息的海洋中航行，必须学会使用信息搜索工具。

1. 认识搜索引擎 打开搜索引擎网站，即可在综合导航型网站中直接单击，也可以在地址栏中输入网址。下面，我们通过输入网址的方式，来打开中文搜索引擎——百度。

❶在 IE 浏览器地址栏中输入【www. baidu. com】，如图 3-2-14 所示。

❷单击【Enter】键，打开【百度】搜索引擎网站，如图 3-2-15 所示。

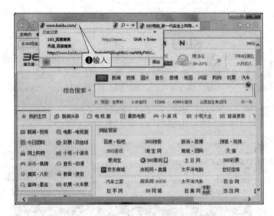

图 3-2-14 在地址栏输入网址　　　　　　图 3-2-15 百度网站首页

除百度之外，常见的搜索引擎网站还有搜狗、谷歌、雅虎等。目前百度和谷歌是搜索引擎的代表，搜索大全如图 3-2-16 所示。

2. 使用搜索引擎 搜索引擎在 Internet 上检索资源的方式主要有关键词检索和分类目录式检索两种方式，常用的是关键词检索方式。

（1）关键词检索。现在我们要通过搜索引擎查找【中国政府采购网】，操作步骤如下：

❶通过输入网址的方式打开百度首页，在【百度】文本框中，输入关键词【中国政府采购网】，如图 3-2-17 所示。

❷单击【百度一下】或【Enter】键，搜索结果如图 3-2-18 所示，从网页看到许多与政府采购有关的内容。

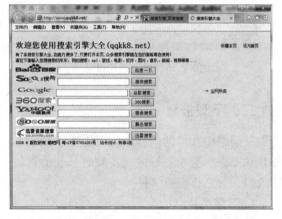

图 3-2-16 搜索引擎大全

（2）分类目录式检索。分类目录式检索通常和关键词检索结合使用。雷明希望了解政府采购的流程，于是上网搜索政府采购流程图，操作如下：

❶根据前面的操作流程，在关键词文本框中输入【政府采购流程图】，如图 3-2-19 所示。

❷在搜索结果页面中单击【图片】分类目录，搜索引擎自动跳转到如图 3-2-20 所示的图片搜索结果页面。

图 3-2-17　输入关键字

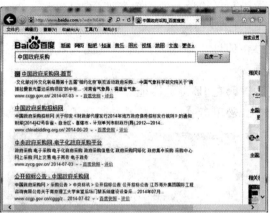

图 3-2-18　检索结果

图 3-2-19　单击图片目录

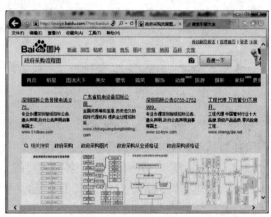

图 3-2-20　图片检索结果

三、下载信息

从网络中获得的信息，有时需要下载到本地计算机方便随时调用。通常下载的信息多为图片和文件。为了更好地准备政府采购的资料，需要下载已检索到的政府采购流程图和最新的政府采购工作要点文件。

1．下载图片

❶在检索到的图片信息中，单击选中符合自己要求的图片，如图 3-2-21 所示。

❷打开图片后，右击图片，弹出快捷菜单，如图 3-2-22 所示。

❸单击【图片另存为】，打开【保存图片】对话框。

❹可以重新命名、选择存储路径、设置文件类型，也可以默认，单击【保存】即可，如图 3-2-23 所示。

2．下载文件

❶在【中国政府采购网】中查找《关于印发 2014 年政府采购工作要点的通知》，单击打开网页，如图 3-2-24 所示。

❷右击【2014 年政府采购工作要点】打开快捷菜单，如图 3-2-25 所示。

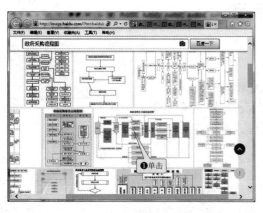

图 3-2-21 选中图片

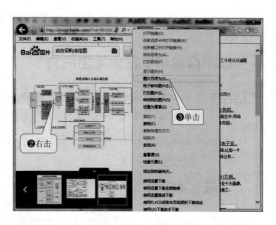

图 3-2-22 右击菜单

图 3-2-23 保存图片对话框

图 3-2-24 网站信息

❸单击【目标另存为】，打开【另存为】对话框。

❹可以重新命名、选择存储路径、设置文件类型，也可以按默认，单击【保存】，如图 3-2-26 所示。

在因特网中除了可以下载图片和文件外，还可以下载视频、音频、动画等多种信息。下载的方式有的与上面的操作步骤相同，有的需要专用软件。

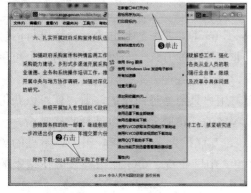

图 3-2-25 右键菜单

图 3-2-26 保存文件

•••• 活学活用 ••••

使用搜索引擎搜索指定内容

活动要求 1.体验不同的搜索引擎搜索的结果有何不一样。

2.在百度主页中，查找【广西农业信息网】相关内容。

3.下载【桂林两江四湖】旅游胜地图片并保存在计算机 D 盘中。

收藏一家购物网站

活动要求 网络购物是现在的主流购物方式，你也来选择一家购物网站吧。

1.通过浏览器找到一家你听过的知名购物网站。

2.将该网站设置成主页。

3.收藏该网站。

4.保存该网站的首页。

案例三 收发电子邮件

科室主任林主任出差在外，无法上交一份关于政府采购的招投标合同书给经理过目，因此林主任将做好的投标书及合同书以电子邮件的形式发送给雷明，要求雷明下载后，打印出来，送给经理过目。雷明将文件送给经理过目后，又用电子邮件的方式回复林主任，请她放心，并同时将林主任添加到他的邮件联系人中，方便以后工作联系。

一、申请电子邮箱

1. 了解电子邮件 电子邮件（Electronic Mail，E-mail），是一种通过 Internet 进行信息交换的通信方式。我们可以用非常低廉的价格、以非常快速的方式，与世界上任何一个角落的网络用户联系，这些电子邮件可以是文字、图像、声音等各种方式。

电子邮箱一般分为两类：免费邮箱和收费邮箱。用户只要通过简单的注册，就可以获得一个自己的免费邮箱。如果想获得稳定、安全、大容量的邮箱服务，可以选择收费邮箱。

提供免费邮箱的 ISP（Internet Service Provider，互联网服务提供商）很多，常见的免费邮箱有：163 网易邮箱、新浪邮箱、126 网易邮箱、中国雅虎、QQ 邮箱等，可在搜索的结果中找到自己喜欢的邮箱进行申请，如图 3-3-1 所示。

2. 申请免费邮箱 下面申请 1 个 163 电子邮箱，步骤如下：

❶启动 IE 浏览器，在地址栏中输入 163 网易邮箱的网址【www.163.com】，按【Enter】键打开 163 电子邮箱的网页。

❷单击【注册免费邮箱】，如图 3-3-2 所示。

❸在弹出的免费邮箱注册窗口内，我们可以选择【注册字母邮箱】或【注册手机号码邮箱】（不对手机产生影响）。这里单击【注册字母邮箱】，按注册要求填写【邮件地址】【密码】等相关信息，如图 3-3-3 所示。

❹单击【立即注册】。

❺在弹出的窗口中，输入验证码，单击【提交】。弹出注册成功窗口，如图 3-3-4 所示。

图 3-3-1 常见免费邮箱

图 3-3-2 网易首页

图 3-3-3 邮箱注册页面

图 3-3-4 注册成功

二、使用电子邮箱

1. 登录邮箱

❶登录 163 网易首页，单击右上角的信件图标，在下拉列表中单击【免费邮件】，如图 3-3-5 所示。

❷在弹出的【登录 163 免费邮箱】窗口，输入已注册好的用户名和密码，单击【登录】

87

或【Enter】键，如图 3-3-6 所示。

图 3-3-5　网易首页

图 3-3-6　邮箱登录界面

❸登录成功，进入 163 网易邮箱，如图 3-3-7 所示。

2. 查收信件

❶登录 163 网易邮箱后，单击【收件箱】，如图 3-3-8 所示。

图 3-3-7　登录成功

图 3-3-8　邮箱首页

❷单击自己要查看的邮件【峻峰公司政府采购合同（2014 年）】，如图 3-3-9 所示。

❸此邮件有附件，单击【附件】后的【查看附件】，即可跳转到附件菜单，如图3-3-10所示。

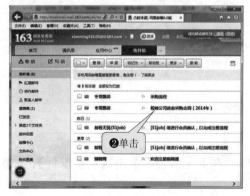

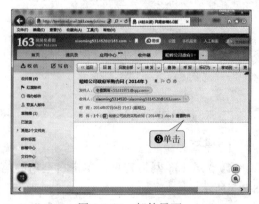

图 3-3-9　收件箱

图 3-3-10　邮件界面

❹当鼠标指向【附件】时，会自动出现如图 3-3-11 所示的菜单，单击【下载】，也可以选择【预览】和【存网盘】。

3. 写信及添加附件

❶在邮件首页单击【写信】，如图 3-3-12 所示。

图 3-3-11 附件菜单

图 3-3-12 写信

❷在写信界面的【收件人】文本框中输入收件人邮箱地址（邮箱地址的格式为用户名@邮箱），如图 3-3-13 所示。

❸在【主题】一栏输入邮件主要内容，也可以不输入。

❹如果需要输入正文则在文本框中编辑，如果需要添加附件，单击【添加附件】后，弹出对话框，如图 3-3-14 所示。

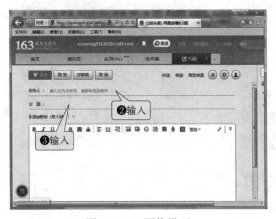

图 3-3-13 写信界面

图 3-3-14 上传附件

❺选择好要上传的文件，单击【打开】，开始上传文件。

❻文件的大小，决定了文件上传的时间，上传好后单击【发送】，稍后对方可查阅邮件，如图 3-3-15 所示。

4. 管理电子邮件 通讯录在电子邮件中起到重要的作用，方便我们管理自己的邮件，将邮件归类整理。

❶在邮件首页导航中，单击【通讯录】，如图 3-3-16 所示。

图 3-3-15　发送邮件　　　　　　　　　　图 3-3-16　通讯录界面

❷在通讯录页面单击【新建联系人】，在弹出的对话框中输入姓名、电子邮箱类型（家庭邮箱或工作邮箱）、电话号码、备注等内容，如图 3-3-17 所示。

❸单击【分组】，选择联系人所在分类，也可以单击【新建分组】，分组设置可以帮助我们高效快捷管理自己的邮件，方便查找。

❹设置好后，单击【保存】，如图 3-3-18 所示。

图 3-3-17　新建联系人　　　　　　　　　图 3-3-18　联系人分组

●●● 活学活用 ●●●

🔍 申请邮箱

活动要求　　1.登录【网易】网站首页，进入 126 邮箱登录界面。

2.打开 126 邮箱的注册界面，填写相关信息。

3.验证手机后进入邮箱。手机验证是为了进一步保障邮箱的安全，如果没有手机，也可以选择直接进入邮箱，但要牢记邮箱的密码保护问题。

收读邮件

活动要求　邀请你的同学或朋友发送一份带有附件的惊喜邮件给你，查读附件内容。

1.登录已经申请好的 126 邮箱。

2.打开收件箱，查读同学或朋友的信件。

3.下载附件，查看惊喜内容。

4.回复表示感谢。

发送邮件

活动要求　新年就要来了，在新年来临之前，发一份祝福邮件给你喜欢的老师吧。

1.登录已经申请好的 126 邮箱。

2.在写信界面输入老师的邮箱，以新年祝福为主题，正文写祝福语。

3.为了增加幸福感，在网络中查找一份新年礼物的图片，下载后添加在附件中。

4.选择定时发送，发送日期为 1 月 1 日。

5.同时将老师的邮件地址添加在通讯录中，并新建分组【我喜爱的老师】。

案例四　使用网络软件

雷明晚上在家，忽然想起有份文件今天必须给林主任过目，而现在赶去林主任家太晚了。他立刻与林主任联系并说明了情况，林主任告诉他可以通过即时聊天工具 QQ 传送文件，召开网络视频会议。于是雷明立刻打开计算机，注册 QQ，与林主任联系发送文件，并通过视频语音修改内容。

一、下载腾讯 QQ

腾讯 QQ（简称 QQ）是腾讯公司开发的一款基于 Internet 的即时通信工具软件。QQ 支持在线聊天、视频聊天以及语音聊天、点对点断点续传文件、共享文件、网络硬盘、自定义面板、QQ 邮箱等多种功能，并可与移动通信终端等多种通信方式相连。下面我们尝试通过网络工具来实现与千里之外的朋友互通信息。

1.QQ 的下载和安装

❶在 IE 浏览器地址栏中，输入腾讯网址【www.qq.com】，打开腾讯网的首页，如图 3-

4-1 所示。

❷单击【软件】，进入【腾
讯软件中心】，找到 QQ 的安装
软件的最新版，单击【下载】，
如图 3-4-2 所示。

❸在弹出的下载工具对话框
中，选择下载路径后，单击【立
即下载】，如图 3-4-3 所示，完
成 QQ 下载后便可在计算机中安
装。

❹双击已经下载好的 QQ 软
件，打开安装程序，选择安装路
径，单击【立即安装】，如图 3-
4-4 所示，根据提示完成安装。

❺单击桌面上的【QQ 快捷
方式图标】，弹出 QQ 登录对话框，如图 3-4-5 所示。

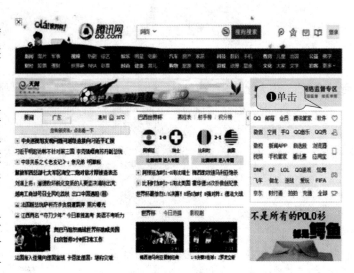

图 3-4-1　腾讯首页

图 3-4-2　腾讯软件中心

图 3-4-3　下载 QQ

图 3-4-4　QQ 安装界面

图 3-4-5　QQ 登录页面

2. 申请 QQ 账号

❶第一次使用 QQ，需注册 QQ 账号。在 QQ 登录页面单击【注册账号】，出现如图 3-4-6 所示的 QQ 账号申请页面，按照要求填写申请人相关信息，如昵称、密码等。填写好后，单击【立即注册】，出现如图 3-4-7 所示的页面。

❷注册成功后会得到 QQ 号码，如图 3-4-7 所示，牢记此号码和密码，方便今后使用。

图 3-4-6　填写个人注册信息

❸在 QQ 登录页面输入账号和登录密码，登录成功后界面如图 3-4-8 所示。在 QQ 界面上，可以实现许多功能，如聊天、截屏、发送文件、发送图片、视频对话等操作。

图 3-4-7　QQ 账号注册成功

图 3-4-8　QQ 登录界面

93

二、应用 QQ

QQ 软件是当前因特网上免费的即时通信工具。通过 QQ 可以在因特网上与远在天涯的朋友"面对面"进行交流，还可以进行视频对话、远程控制对方的计算机进行解决实际问题，发送重要文件和图片。

1. 聊天应用

❶在登录的 QQ 界面【我的好友】组中双击好友头像，如图 3-4-9 所示，打开聊天窗口。

❷在弹出对话框下方的文本编辑框中输入文字，单击【发送】，如图 3-4-10 所示。

❸编辑框中输入的文字发送后会在上方的文本框中显示，对方可以看到信息，对方随后回复的信息也会出现在该区域，如图 3-4-11 所示。

图 3-4-9　QQ 好友界面

图 3-4-10 聊天窗口

图 3-4-11 QQ 对话界面

❹为了增添聊天的乐趣，还可以使用聊天工具栏设置字体、输入表情、截图等，如图 3-4-12 和图 3-4-13 所示。

图 3-4-12 气泡和字体设置

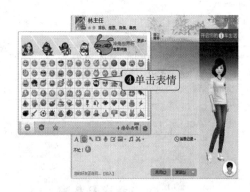

图 3-4-13 QQ 表情窗口

❺此外，还可以单击聊天窗口【语音】，打开语音聊天界面，如图 3-4-14 所示。
❻聊天结束后单击【挂断】，结束语音聊天，如图 3-4-15 所示。

图 3-4-14 语音聊天连接

图 3-4-15 语音聊天界面

❼为了增强画面感，"面对面"聊天，我们还可以单击【视频】，打开视频聊天界面，如图 3-4-16 所示。

❽在视频聊天界面下方有一排按钮工具，如打开会话窗口、麦克风静音、扬声器静音、关闭摄像头、照相、画中画、全屏显示等按钮，可以根据自己的需要使用这些功能。结束聊

94

天后单击【挂断】，结束视频聊天，如图 3-4-17 所示。

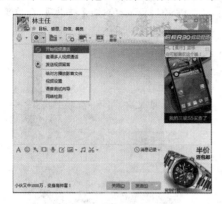

图 3-4-16　视频聊天连接

图 3-4-17　视频聊天界面

2. 收发文件　使用 QQ 即时通信工具，可以十分方便地在线或离线传送文件。

（1）传送文件。

❶打开聊天窗口，单击【传送文件】，弹出下拉列表，如图 3-4-18 所示。

❷单击【发送文件/文件夹】，弹出【打开】话框。

❸在【打开】对话框中选择要传送的文件，单击【打开】，如图 3-4-19 所示。

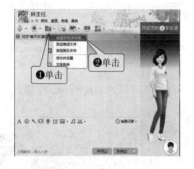

图 3-4-18　文件传送菜单

图 3-4-19　选择文件对话框

❹等待对方接收文件，如果对方不在线时可以单击【转离线发送】，如图 3-4-20 所示。

❺文件传送成功后，对话框中自动显示，如图 3-4-21 所示。

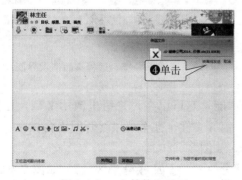

图 3-4-20　文件传送界面

图 3-4-21　文件传送成功

（2）接收文件。

❶双击好友头像，当对方传送文件时会弹出要求接收文件的界面，单击【接收】存在默认的文件夹下，也可选择【另存为】选择其他文件夹，如图 3-4-22 所示。

❷好友若文件接收成功，对话框自动显示，如图 3-4-23 所示。

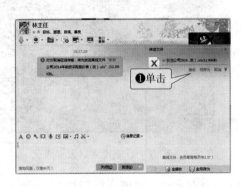

图 3-4-22　文件接收界面

图 3-4-23　文件接收成功

3. 远程桌面　QQ 远程桌面是帮助我们进行远程协助、处理好友计算机问题的软件。功能与远程桌面链接、网络远程控制软件等相似，它在远程教学方面发挥独特的作用，在实际的工作中也应用非常广泛。

❶打开与好友聊天的对话框，单击菜单栏中的【远程桌面】，弹出下拉列表，如图 3-4-24 所示。

❷单击【邀请对方远程协助】，出现如图 3-4-25 所示的界面；当对方接受后，对方可控制与操作你的计算机。

❸单击【请求控制对方电脑】，当对方接受后，你可以控制与操作对方的计算机。

图 3-4-24　远程桌面菜单

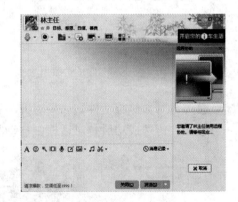

图 3-4-25　远程桌面请求界面

4. 屏幕分享　屏幕分享是近年 QQ 新增的功能，它可以在讨论组里演示文档，还如同屏幕录制专家，可以帮助我们更好地共享演示文稿等文件，甚至可以召开网络会议。

❶打开好友的聊天窗口，单击【屏幕分享】，如图 3-4-26 所示。

❷在弹出的【屏幕分享】对话框中，选择【分享窗口】或【分享区域】，如图 3-4-27 所示，单击【分享窗口】。

图 3-4-26　屏幕分享按钮　　　　　　　　　　图 3-4-27　屏幕分享窗口

❸选择共享的窗口，单击右下角的【开始屏幕分享】，如图 3-4-28 所示。

❹当邀请者进入后，可以看到为对方共享的内容，如图 3-4-29 所示。

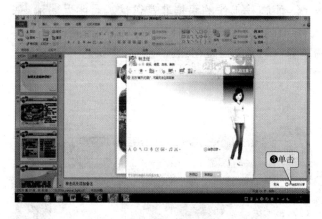

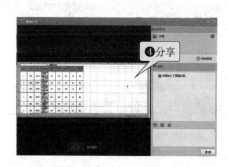

97

图 3-4-28　选择分享屏幕　　　　　　　　　　图 3-4-29　屏幕分享过程

　　屏幕分享窗口的左部分是分享窗口，右部分有聊天窗口，不仅可以打字还可以语音对话，并且允许多人在线，如同召开视频会议。

●●● 活 学 活 用 ●●●

 下载 QQ

活动要求　1.登录腾讯官方网站，在软件下载区下载最新的 QQ 软件。

2.将下载好的 QQ 软件安装到 D 盘。

3.打开已经安装好的 QQ，并注册 QQ 号。

4.在注册界面填写必要信息，输入手机号，申请 QQ 号成功后牢记密码和账号。

🔍 使用 QQ 进行网络沟通

活动要求　1.添加好友的 QQ 号码成为网络朋友。

2.打开聊天窗口界面，分别通过文字、音频、视频进行会话。

3.为你的好友传送一份你的近期照片，并接收他发给你的近照。

4.尝试用【远程桌面】功能互相控制对方的计算机界面。

5.将你最近做的作业用【屏幕分享】功能分享给对方。

☝ 案例五　网络服务应用

雷明的同学小王马上就要毕业了，面临找工作的事情非常苦恼。雷明近期帮助公司在网络中招聘后勤工作人员，他建议小王也可以在网络查找招聘信息、发送简历。小王向雷明求助，雷明决定帮助小王通过网络找到自己想要的工作。

一、网上招聘

1. 申请账号　要想在人才网上发布招聘信息，首先需要人力资源专员为公司创建账号，下面以【猎聘网】为例，介绍申请企业账号的过程，操作步骤如下：

❶打开【猎聘网】的网站首页，单击右上角的【我是 HR】，如图 3-5-1 所示。

❷在注册界面输入【用户名】【密码】等注册信息，单击【免费注册】，如图 3-5-2 所示。

图 3-5-1　猎聘网首页

❸弹出【完善企业信息】界面，如图 3-5-3 所示，填写企业信息，其中【公司名称】一定要与营业执照上的名称一致。

2. 发布职位信息

❶在企业首页单击【发布职位】，如图 3-5-4 所示。

图 3-5-2　企业注册页面

图 3-5-3　完善企业信息

❷在初级职位、中高端职位、猎头委托职位中选择【初级职位】，如图3-5-5所示。

❸填写【初级职位发布】页面的基本信息，单击页面底端的【发布职位】即可，职位发布的信息包含职位基本信息、职位要求、其他信息 3 个主要方面，如图 3-5-6 所示。

图 3-5-4 企业首页

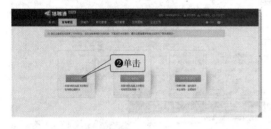

图 3-5-5 发布职位级别选择

图 3-5-6 发布职位信息

二、网上求职

网络求职是广大求职者找工作的一种重要途径，由于科技的发展，信息网络化日益显著，网络已经成为我们招聘、求职必不可少的帮手，它独特的便利性使得网上找工作成为广大求职者的必选途径。

1. 招聘网站注册与简历填写 选择网络求职平台，要根据自己所在区域的特点和职业需求，合理选择适合自己求职的网站。下面以【前程无忧】网站为例，完成网上求职。

❶登录【前程无忧】网站首页，填写注册表信息后单击【立即注册】，如图 3-5-7 所示。

图 3-5-7 填写注册信息

❷在弹出的【个人信息】页面完善个人信息，单击【保存/下一步】，如图 3-5-8 所示。

❸在随后弹出的【教育/工作】页面填写教育经历和工作经历，单击【保存简历】，如图 3-5-9 所示。

图 3-5-8 填写个人资料

图 3-5-9 填写个人简历

❹在弹出的【填写简历】窗口内，填写简历，完善如求职意向、培训经历、语言能力、附加信息等内容，审核无误后保存，正式发送前可单击【预览】查看简历整体情况，如图3-5-10所示。

2. 投递简历

❶使用注册的用户名和密码，登录【http：//search.51job.com】，在【前程无忧】网站菜单中选择【职位搜索】，在如图3-5-11所示的页面中填写高级搜索信息，如平面设计，筛选符合自己要求的工作，单击【搜索】。

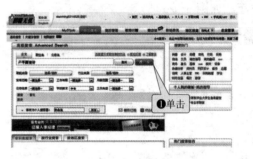

图 3-5-10　完善简历　　　　　　　　　　　　图 3-5-11　搜索职位

❷在弹出的【检索】窗口，单击【按更新日期】排序后，浏览职位，如图3-5-12所示。

❸单击符合要求的公司，对符合自己期望值的工作，单击【立即申请】投递之前填写好的简历，如图3-5-13所示。

图 3-5-12　浏览职位　　　　　　　　　　　　图 3-5-13　投递简历

互联网的应用除了网上招聘、求职外，还有网络购物、网上购票、网上银行、在线杂志、快递查询、网上保险、网上图书馆等应用，这些应用为我们的学习、生活和将来的工作带来了便利，请同学们课余也去学习一下吧。

●●● 活学活用 ●●●

 网上求职

活动要求　1.在【智联招聘】网站中，注册成为会员。

2.填写个人信息。

3.填写现在已有的成绩。

4.查找和自己喜好有关工作，并将其收藏。

100

第四单元　使用文字处理软件 Word 2010

Microsoft Word 2010 是 Microsoft 公司开发的 Office 2010 办公组件之一，主要用于文字处理工作。通过 Microsoft Word 2010 可以实现文本的编辑、排版、审阅和打印,可以创建专业水准的文档，轻松地与他人协同工作并且可以在任何地点访问你的文件。本单元主要介绍 Word 文档的创建与管理、文档的编辑和格式化，Word 2010 制表和图文混合排版，使用 Microsoft Word 2010 制作流程图和组织结构图等知识。

Microsoft Word 2010 预备知识

案例一　编排公司规章制度报

案例二　制作公司简报

案例三　制作公司产品销售业绩表

案例四　制作新产品发布宣传广告

案例五　制作"网购机票登机"流程图

案例六　应用 SmartArt 图形制作公司组织结构图

案例七　完善"新能公司组织结构图.docx"文档

案例八　制作新能公司销售情况图表

Microsoft Word 2010 预备知识

要使用 Microsoft Word 2010（简称 Word 2010）制作各类办公文档，首先要了解 Microsoft Office 2010 的组件、安装方法等基础知识，进而更好地掌握 Word 2010 的基本操作方法。

一、了解 Microsoft Office 2010 组件

Microsoft Office 2010 简体中文版是微软公司推出的全新办公软件，其中包含了十几个组件，常用的有 Word 2010、Excel 2010、PowerPoint 2010、Outlook 2010 和 Access 2010 等。

1. Word 2010 Word 2010 是 Microsoft Office 2010 的主要办公组件，主要用于文字处理工作，它集文字输入、编辑、排版和打印于一体，可以制作出各种图文并茂的办公文档，使用 Word 2010 自带的各类模板还能快速地制作出各种专业文档。

2. Excel 2010 Excel 2010 主要用来创建和维护电子表格，通过它可以对表格中的数据进行计算，将表格中的数据转为各种图表，方便对数据进行分析、管理和共享，从而帮助我们做出更好、更明智的决策。

3. PowerPoint 2010 PowerPoint 2010 是一种功能强大的演示文稿制作软件，利用它可以制作出集文字、图形、图像、动画、声音及视频等多媒体于一体的演示文稿。

4. Outlook 2010 Outlook 2010 是微软公司的一款电子邮件客户端，它具有通信和社交网络功能，使用 Outlook 我们可以收发电子邮件、安排日程，更好的与他人保持网络联系。

5. Access 2010 Access 2010 是 Microsoft Office 2010 系列办公软件中专门用于对数据库进行操作的软件，通过它不仅可以方便地在数据库中添加、修改、查询、删除和保存数据，还可以对数据库的输入界面进行设计及生成报表。

二、安装 Microsoft Office 2010

1. 安装和运行 Microsoft Office 2010 基本要求

（1）操作系统。WindowsXP SP3、Windows 2003、Windows Vista SP1、Windows 7 和 Windows 8 下皆可。

（2）处理器和内存。安装 Office 2010 需要的最低处理器 500MHz，内存至少 256MB。

（3）硬盘空间。需要的最低硬盘空间是 1.0GB 或 1.5GB，建议安装所在的硬盘分区至少有 3GB 可用空间，供其他安装程序和临时文件所用。

2. 安装 Office 2010 Office 2010 安装盘同时包含 32 位和 64 位版本的 Office 2010。默认情况下，Microsoft Office 2010 安装 32 位版本的 Office 2010。下面我们开始安装 Microsoft Office 2010 简体中文版。

❶输入产品密钥：将 Office 2010 安装盘放入光驱，双击安装程序文件，在打开的安装界面中输入正确的产品密钥，如图 4-0-1 所示，勾选【尝试联机自动激活我的产品】。

❷阅读软件许可协议：当系统验证输入的产品密钥正确后，单击【继续】，在弹出的

【阅读 Microsoft 软件许可条款】窗口底部，勾选【我接受此协议条款】，再单击【继续】。

❸选择安装模式：在弹出的【选择所需的安装】对话框中选择【立即安装】，软件会帮助我们按照厂商的初始设定，安装一些必要的组件，如果原来电脑上已经安装了 Office 2003 等 MS office 软件，则【立即安装】显示为【升级】。选择【自定义】安装方式，我们可以自主选择将要安装的组件和 Office 工具。这里选【自定义】安装方式，如图 4-0-2 所示。

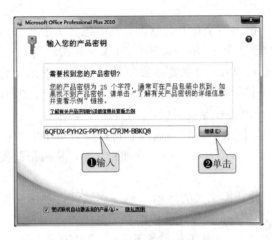

图 4-0-1　输入产品密钥

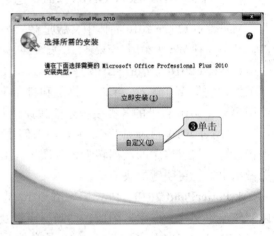

图 4-0-2　自定义安装

❹选择安装组件：在弹出的【自定义安装】窗口，单击【安装选项】，自定义需要安装的 Office 组件及 Office 工具，取消不使用的组件和工具，如图 4-0-3 所示。

❺选择安装位置：单击【文件位置】→【浏览】，在弹出的对话框中选择安装路径，也可以直接在文本框中输入安装路径，如图 4-0-4 所示。

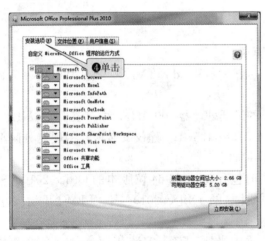

图 4-0-3　安装选项

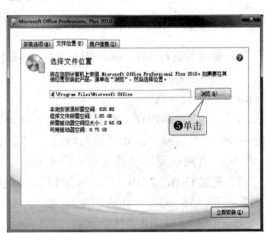

图 4-0-4　文件安装位置

❻输入用户信息：单击【用户信息】选项，输入用户信息，单击【立即安装】，如图 4-0-5 所示。

❼安装 Office 2010：单击【立刻安装】后，弹出如图 4-0-6 所示的【安装进度】窗口。

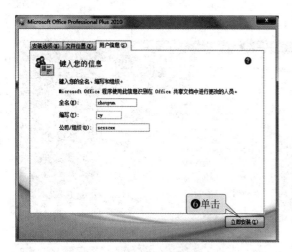

图 4-0-5　输入用户信息

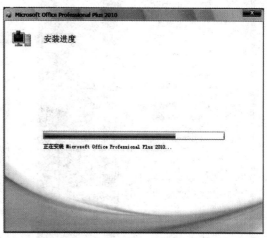

图 4-0-6　正在安装

❽完成安装：安装进度条会显示软件安装的百分比，安装时间由选择安装的组件多少和计算机性能决定，安装完成后弹出安装完成窗口，单击【关闭】对话框，完成 Office 2010 的安装。

三、启动和退出 Word 2010

启动并创建 Word 文档，是使用 Word 编辑文档的前提，文档编辑结束后要退出文档。

1. 启动 Word 2010 的方法

方法一：最常用的是从【开始】菜单启动。单击【开始】，单击【所有程序】→【Microsoft Office】→【Microsoft Word 2010】，即可启动 Word 2010，如图 4-0-7 所示。

方法二：快捷方式启动。创建桌面快捷方式，然后双击桌面上的 Word 2010 快捷方式图标也可启动 Word 2010。

方法三：使用已有 Word 2010 文档启动。双击任何一个已有的 Word 2010 文档，系统会启动 Word 2010 应用程序。

2. 创建 Word 2010 桌面快捷方式　使用【发送到】创建桌面快捷方式，如图 4-0-8 所示，依次单击【开始】→【所有程序】→【Microsoft Office】，鼠标右键单击【Microsoft Word 2010】菜单项，在弹出菜单中选择【发送到】→【快捷方式】，就可以在桌面建立 Word 2010 的快捷方式，如图 4-0-9 所示。

3. 创建 Word 文档　使用【Microsoft Word】命令创建文档。在计算机桌面或文件夹的空白处单击鼠标右键，在弹出的快捷菜单中单击【新建】→【Microsoft Word 文档】，如图 4-0-10 所示。执行该命令后即可创建一个 Word 文档，默认文档名为【新建 Microsoft Word 文档】，如图 4-0-11 所示。按【F2】键重命名该新建文档。双击该文档即可将其打开。

图 4-0-7　使用开始菜单启动 Word

图 4-0-8　创建快捷方式

图 4-0-9　Word 快捷方式

图 4-0-11　重命名 Word 文档

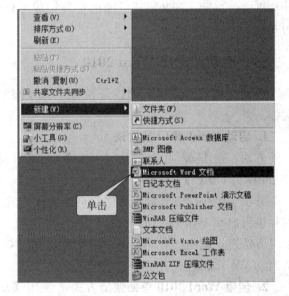

图 4-0-10　Word 命令

106

4. 退出 Word 2010　完成 Word 2010 文档的操作后，如果需要退出，只需要关闭其编辑窗口即可。退出 Word 2010 的方法主要有以下几种：

❶单击 Word 2010 标题栏最右端的【关闭】，如图 4-0-12 所示。

❷单击【文件】选项卡的【关闭】，如图 4-0-13 所示。

❸在标题栏空白处右击鼠标，在弹出的快捷菜单中单击【关闭】，如图 4-0-14。

❹在 Word 2010 窗口中按快捷组合键【Alt＋F4】，如图 4-0-15 所示。

❺执行【关闭】命令后，一定要单击【保存】，否则文件将丢失。

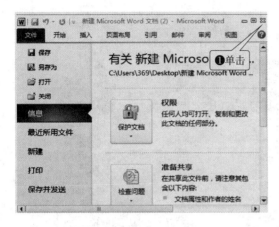

图 4-0-12　关闭

图 4-0-13　选项关闭

图 4-0-14　右击关闭

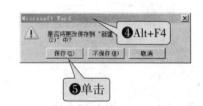

图 4-0-15　按【Alt＋F4】关闭

107

四、Word 2010 窗口的组成和功能

1. Word 2010 窗口的组成　Word 2010 窗口由快速访问工具栏、标题栏、文件选项卡、功能区、标尺、文档编辑区、状态栏、视图栏、缩放比例工具和滚动条、帮助等部分组成，如图 4-0-16 所示。

❶快速访问工具栏：如果想要快速执行某个操作，可以单击【自定义快速访问工具栏】▼按钮，根据需要对快速访问工具栏上的命令及其位置进行自定义。该工具栏默认状态下包含了【保存】【撤销】和【恢复】。

❷标题栏：可以用于显示文档和程序的名称和控制 Word 2010 工作窗口的变化。

❸文件选项卡：Word 2010 默认有【文件】【开始】【插入】【页面布局】【引用】【邮件】【审阅】【视图】【加载项】选项卡，单击某一选项卡，就可以打开相应的功能区，如单击【插入】选项卡，可以进行插入页、表格、插图、页眉和页脚等操作。

❹功能区：功能区中提供了多种操作和设置功能，每个功能区包含了多个功能不同的命令组，如【开始】功能区包含了【剪贴板】【字体】【段落】【样式】【编辑】命令组。

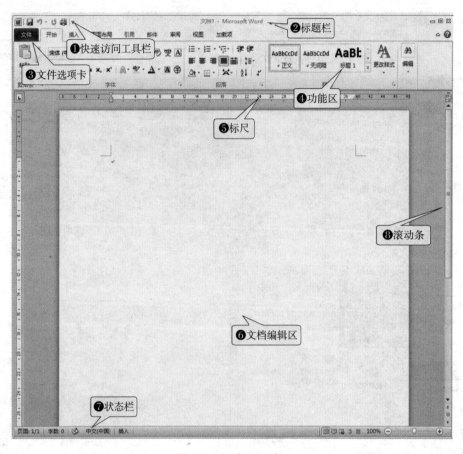

图 4-0-16　窗口组成

❺标尺：标尺用于对文档进行编辑和排版，通过勾选【视图】选项卡中的【标尺】复选框，或直接单击垂直滚动条顶部的 ▼ 按钮可以显示标尺。

❻文档编辑区：该区域是 Word 编辑窗口中最大也是最重要的区域，是编辑文档内容的场所。

❼状态栏：用于显示当前文档的信息，如页数、字数及输入状态（改写/插入）等。文档在【页面视图】【阅读版式视图】【web 版式视图】【大纲视图】和【草稿】之间进行切换，也可通过右侧的【显示比例】滑块设置窗口显示的比例。

❽滚动条：当内容跨页时，右侧或下方会出现滚动条。滚动条可用鼠标轮控制，也可用键盘【↓】【Page Down】等控制，或直接按住鼠标左键拖动控制，单击滚动条【下一页】可实现页与页的切换。

2. Word 2010 的【文件】后台视图　Word 2010 的【文件】后台视图是文档或应用程序操作的命令集，单击【文件】选项卡，就可以查看 Word 2010 的后台视图。在后台视图中可以管理文档和有关文档的数据，如保存、新建、保存并发送文档，检查文档中是否包含隐藏的数据和个人信息、文档安全控制选项和应用程序自定义选项等。

3. 上下文选项卡　有些选项卡只有在编辑和处理特定对象时才会在功能区显示出来，如在 Word 中编辑图形的时候，选中该图形后，【图片工具】上下文选项卡就会实时显示。

4. 实时预览　选中文档要编辑的内容，当鼠标指针移动到相关的选项后，实时预览功能就会将该选项的功能效果应用到当前所编辑的文档中。

5. 屏幕提示　Word 2010 的界面提供了比以往版本信息量更多、面积更大的屏幕提示，当鼠标指针移至某个命令按钮时，就会弹出相应的屏幕提示。

6. 自定义功能　可以根据自己的使用习惯定义应用程序的功能区。

案例一　编排公司规章制度

办公室主任给陈成复制了 1 个规章制度文件夹，并留言说："这是我们公司的各项规章制度，请你编辑、排版、打印装订成册。"陈成一头雾水，请教人事专员小周，小周说："公司规章制度是约束公司员工各项工作和行为的文档。属于长文档，由许多单章组成，可以先分别对每章进行编辑排版，然后汇编成总文档，一般使用 Word 进行处理。"于是陈成开始使用 Word 2010 来创建、编排、打印这些公司的规章制度。

🔘 **案例素材：**　第四单元 \ 素材 \ 文件管理制度 . docx

🔘 **案例效果：**　第四单元 \ 结果 \ 文件管理制度 . PDF

一、新建文档

1. 新建空白文档　在使用 Word 2010 处理文档之前，必须新建文档来编辑、保存内容。每次启动 Word 2010 后，系统会自动创建 1 个名称为【文档 1】的空白文档。为了使用方便，我们也可以同时创建 1 个新的空白文档，操作步骤如下：

❶单击【文件】选项卡，弹出选项列表，如图 4-1-1 所示。

❷单击【新建】。

❸在【可用模板】区域内选择【空白文档】选项。

❹单击右下角的【创建】，即可创建 1 个新的空白文档。

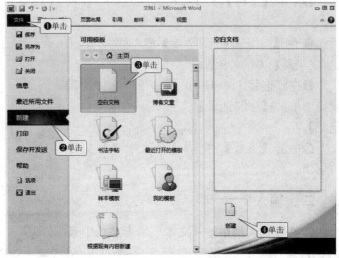

图 4-1-1　新建空白文档

创建第 1 个空白文档后，在【可用模板】区域，还可以根据需要使用模板创建文档，如会议议程、证书、奖状、小册子、名片等都可以联机在【Office.com 上搜索模板】中找到相应的模板。

109

2. 使用系统自带的模板创建文档 Word 模板是指 Word 2010 中内置的包含固定格式和版式设置的模板文件，用于帮助我们快速生成特定类型的 Word 文档。下面以使用模板创建毛笔字帖为例，操作步骤如下：

❶单击【文件】→【新建】，如图 4-1-2 所示。

❷在【可用模板】区域内，单击【书法字帖】。

❸单击【创建】，弹出【增减字符】窗口，如图 4-1-3 所示。

❹在【字体】栏选择【书法字体】。

❺在【字符】栏内选择【可用的字符】。

❻单击【添加】，把选中的【可用的字符】一个一个地添加到【已用字符】栏。

❼单击【关闭】，完成使用模板创建的书法字帖。

3. 使用联机模板创建文档 Word 2010 除了随系统自带的模板外，还提供了专业联机模板。以使用专业联机模板创建会议纪要为例，操作步骤如下：

❶单击【文件】→【新建】，如图 4-1-4 所示。

❷在【Office.com 模板】选项区，单击【会议纪要】。

❸在已连接 Internet 的条件下，在弹出的窗口中单击【会议记录】文件夹，单击【会议纪要】。

❹单击【下载】，完成【会议纪要】文档的创建。

二、输入文本

1. 在空白文档中输入文本 编辑文档中最主要的操作是输入汉字和英文字符。Word 2010 的输入功能非常简单易学，只要会使用键盘打字，就可以在文档中输入字符，如图 4-1-5 所示。录入【第四单元＼结果＼文件管理制度．PDF】文件的内容。

在输入字符过程中，当文字到达一行的最

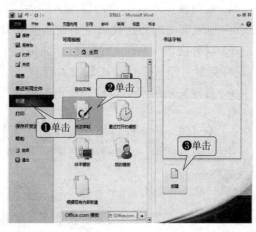

图 4-1-2　用模板建文档

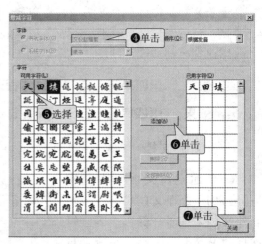

图 4-1-3　创建书法字帖

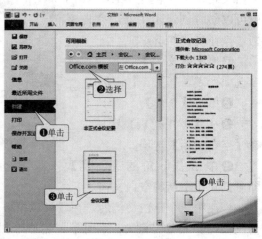

图 4-1-4　创建联机模板

110

右端时，会自动跳转到下一行。如果在未输入完一行时就要换行，按【Enter】回车键结束一个段落，并产生一个段落标记【↵】。如果输入错误可以按键盘右上角的退格键【Backspace】删除错误字符。

2. 保存和另存为 在文档的输入和编辑过程中，要养成随时保存文件的习惯，以免由于误操作或计算机故障造成数据丢失。【保存】和【另存为】文档操作方法有以下几种：

❶单击快速访问工具栏中的【保存】按钮▣，保存文档，输入文档名称【文件管理制度】。

❷单击【文件】→【保存】，如图 4-1-6 所示。

❸单击【文件】→【另存为】选择保存路径并输入文档名称。

❹也可以使用快捷组合键【Ctrl＋S】，快速保存文档。

Word 2010 中默认文档的保存类型为"Word 文档"，文件扩展名为".docx"。可以根据不同的需要将文档保存为不同的格式。

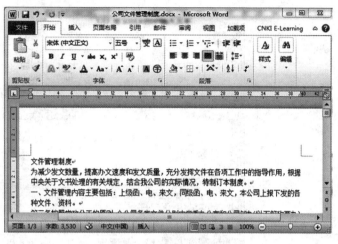

图 4-1-5 输入文本

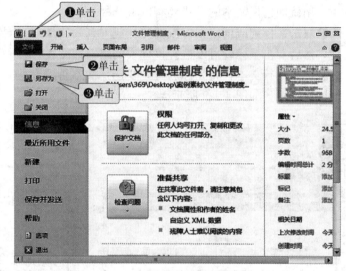

图 4-1-6 保存和另存为

111

三、选择文本

1. 使用鼠标拖曳选择文本 选择文本最常用的方法是通过鼠标选取。使用这种方法可以选择文档中的任意文本，是最基本和最灵活的文本选择方法。操作步骤如下：

❶打开【第四单元＼素材＼文件管理制度.docx】文档，将鼠标光标放到要选择文本的开始位置，单击鼠标，如图 4-1-7 所示。

❷按住鼠标左键拖曳经过要选择的文本，鼠标经过的文本会标注颜色显示。在到达需要选定的文本结尾处，松开鼠标左键，这段文本被选中。此时在文档任意位置单击鼠标，就可以取消选定的文本。

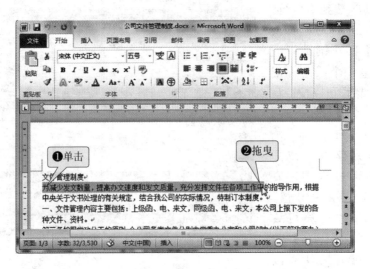

图 4-1-7　拖曳选择文本

　　使用鼠标选择文本的方式还有以下几种：

　　❶双击选择词或词组：将鼠标光标放置到要选择词或词组的前边、中间或者后边的任一位置，然后双击鼠标就可以选择该词或词组，如图 4-1-8 所示。

　　❷选择一行文本：将光标放置到要选择文本行的左侧，当光标变成向右的箭头时单击，该行即被选中，如图 4-1-9 所示。

112

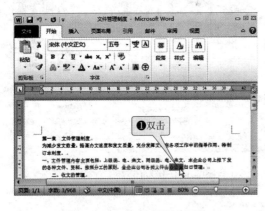

图 4-1-8　双击选择词或词组

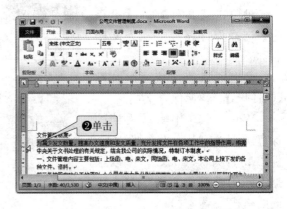

图 4-1-9　左单击选择行

　　❸选择一段文本：将光标放置到要选择段落的左侧，当光标变成向右的箭头时，双击鼠标就可以选择整个段，如图 4-1-10 所示。

　　❹选择整篇文档：将光标放置到要选择段落的左侧，当光标变成向右的箭头时，快速三击鼠标就可以选择整篇文档，如图 4-1-11 所示。

　　2. 使用键盘组合键选择文本　　不仅使用鼠标可以选择文本，使用键盘也可以选择文本。在使用键盘选择文本时，先将插入点移动到准备选择文本的开始位置，然后操作有关组合键，组合键的选择见表 4-1-1。

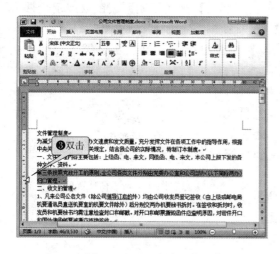

图 4-1-10 双击选一段

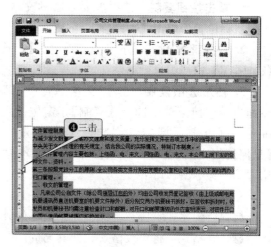

图 4-1-11 三击选整篇

表 4-1-1 选择文本的组合键

组合键	选择范围
【Ctrl＋A】	选择整篇文档
【Shift＋←】	向左选取或取消选取一个字符
【Shift＋→】	向右选取或取消选取一个字符
【Ctrl＋Shift＋←】	向左选取或取消选取一个单词
【Ctrl＋Shift＋→】	向右选取或取消选取一个单词
【Shift＋Home】	选择从插入点到条目开头之间的内容
【Shift＋End】	选择从插入点到条目结尾之间的内容

113

3. 使用鼠标和键盘组合选择文本 除了使用鼠标、键盘选择文本外，还可以同时使用鼠标和键盘来选择文本。操作步骤如下：

❶将鼠标的光标定位在文档中要选择部分的开始处，如图 4-1-12 所示。

❷按住【Alt】键的同时，按住鼠标左键直接拖曳，就可以选择文本。

四、文本内容的复制、粘贴和移动

（一）复制和粘贴文本

通过复制和粘贴文本可以快速、多次输入相同的文本，复制和粘贴方法有如下几种：

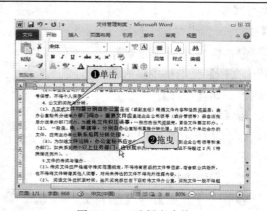

图 4-1-12 选择文本块

1. 单击按钮复制　选中需要复制的文本，单击【开始】→【复制】按钮 ，定位插入点到目标位置，单击【剪贴板】组中的【粘贴】按钮 ，完成复制和粘贴操作。

2. 快捷键复制　选择文本后，按【Ctrl＋C】快捷组合键复制，定位插入点后，按【Ctrl＋V】快捷组合键粘贴文本。

3. 粘贴选项复制　选择文本后，单击鼠标右键，在弹出的快捷菜单中选择【复制】，定位插入点到目标位置，再单击鼠标右键，选择【粘贴选项】栏中的【只保留文本】，就可以将默认格式的文本粘贴到目标位置。

图 4-1-13　粘贴选项

粘贴选项通常包括 3 个按钮，如图 4-1-13 所示。

❶保留源格式安排：将保留原始文本的外观。

❷合并格式：将更改格式，使其与周围文本相符。

❸只保留文本：将删除文本的所有原始格式。

（二）移动文本

移动文本最常用的方法是通过鼠标选取和拖曳。

（1）使用鼠标选择文本。将光标定位到要移动文本的开始位置，然后拖曳鼠标到要选择文本的最后，释放鼠标左键即选择了文本。

（2）移动文本。将鼠标移动到选择的文本内容上，按下鼠标左键拖曳鼠标光标到目标位置，然后松开鼠标左键，完成文本移动。

五、文本的查找、替换和定位

1. 查找文本　查找文本可以帮助我们找到指定的文本及其所在位置，操作方法及步骤如下：

（1）普通查找。可在文档中查找文本或其他内容。

❶单击【开始】→【编辑】组中的【查找】→【查找】按钮 查找 ，如图 4-1-14 所示。

❷在窗口左侧【导航】栏下的【搜索文档】文本框中输入需要查找的内容，如【文件】。

❸【导航】栏中依次列出查找的内容，文档中查找到的内容会高亮显示。

（2）高级查找。

❶单击【开始】→【编辑】→【查找】，在【导航】栏右侧向下箭头中选择【高级查找】，弹出【查找和替换】对话框，如图 4-1-15 所示。

❷在【查找和替换】文本框中

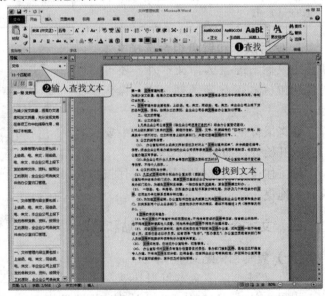

图 4-1-14　查找文本

输入要查找的内容，单击【查找下一处】，即开始查找。

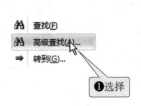
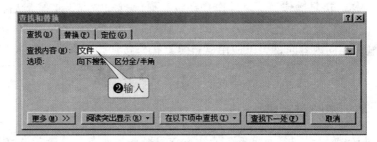

图 4-1-15　高级查找

❸在【查找和替换】对话框中，单击【更多】，弹出【搜索选项】组，这个组中有 10 个复选框，用来限制查找内容的形式。同时单击【更少】也可转换为【更多】，如图 4-1-16 所示。

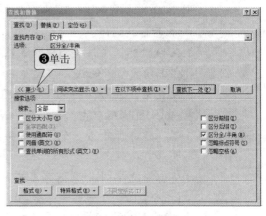

图 4-1-16　高级查找

2. 替换文本　在图 4-1-17 所示的对话框中，单击【替换】，打开【查找和替换】对话框。如要把【文件】替换为【公司文件】。可单击【替换】，如某处不想替换，单击【查找下一处】，如果想让 Word 2010 自动替换所有需要替换的文本，单击【全部替换】。

3. 定位文本　定位也是一种查找，可以定位到一个指定位置，不是指定内容。如可以定位某一行、某一页或某一节等，如图 4-1-18 所示。

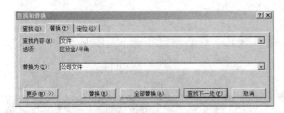

图 4-1-17　查找和替换

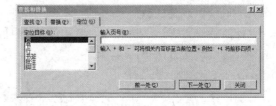

图 4-1-18　定位

六、操作的撤消和重复

在编辑文档过程中，难免会出现一些错误的操作，Word 2010 提供的【撤消】和【重复】可以帮助用户纠正操作错误，提高工作效率。

1. 撤消操作

（1）使用【撤消清除】按钮 ，能够撤消之前所做的一步或多步操作，每单击 1 次【撤消清除】，向前撤消 1 步操作。

（2）如果要连续撤消前几步操作，选择【撤消清除】右边的按钮 ，在弹出的下拉列表中选择要撤消到的操作，单击实现撤消。

2. 重复操作 重复操作是在没有撤消过的情况下重复最后做的 1 次操作。编辑文档时，有些内容是重复的，如果一个一个地复制费时费力。Word 2010 提供记忆功能，当下一步要输入相同内容时，可以使用【重复】操作按钮↺实现重复输入。

● ● ● ● **活学活用** ● ● ● ●

🔍 制作邀请函

制作效果 　【第四单元＼结果＼公司新产品发布会邀请函.PDF】

活动要求 　新能科技有限公司将举办一场【新产品发布会】活动，拟邀请部分专家和媒体参加这次会议。因此，公司办公室需要制作邀请函，并分别递送给相关的专家和媒体。

1. 在 D 盘建立文件夹【邀请函】，在文件夹内新建 Word 文档，按照要求完成下列操作，保存文档文件名称为【邀请函.docx】。
2. 设置文档版面，要求页面高度 18cm、宽度 30cm，页边距（上、下）为 2cm，页边距（左、右）为 3cm。
3. 将【公司新产品发布会邀请函.PDF】制作效果文件中的文字，录入到文档内。
4. 将标题文字【新能公司产品发布会】字体设置为【微软雅黑】，字号为【二号】，字体颜色为【蓝色】，居中对齐。
5. 设置【邀请函】字体为【黑体】，字号为【小初】，字体颜色为【自动】。最后选中正文部分，字体设置为【微软雅黑】，字号为【五号】，字体颜色为【自动】，居中对齐。
6. 最后选中正文部分，字体设置为【宋体】，字号为【四号】，字体颜色为【自动】。
7. 落款和时间，字体设置为【微软雅黑】，字号为【小号】，字体颜色为【自动】，右对齐。

☝ 案例二　制作公司简报

　　公司简报是传递公司信息，具有汇报性、交流性和指导性的简短、灵活、快捷的内部小报。它经常用来向上级报告重大问题的处理情况以及工作动态、经验或问题等，有一定的发送范围，起着"报告"的作用。对于刚刚走上工作岗位的陈成来说，制作一份工作简报，确实是一个难度较大的任务。人事专员小周告诉陈成，日常事务中工作简报的制作是不可缺少的。下面就一起来学习工作简报的制作方法。

● 案例素材： 第四单元 \ 素材 \ 新能公司工作简报 . docx
● 案例效果： 第四单元 \ 结果 \ 新能公司工作简报 . PDF

一、设置页面大小和页边距

打开【第四单元 \ 素材 \ 新能公司工作简报 . docx】素材文件。素材文件中的工作简报文档的页面大小是 Word 默认的页面大小，需要根据具体情况，对页面进行设置。

1. 设置页面大小

❶单击【页面布局】→【页面设置】组中的【纸张大小】→【其他页面大小】。在弹出的【页面设置】对话框中，单击【纸张】，如图 4-2-1 所示；在【纸张大小】文本框中选择【自定义大小】，输入宽度【19.5 厘米】、高度【27 厘米】。

❷单击【确定】完成页面大小设置。

2. 设置页边距

❶单击【页面布局】→【页面设置】组中的【页边距】，如图 4-2-2 所示。

❷单击【适中】，完成设置。

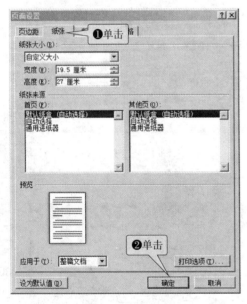

图 4-2-1 设置纸张大小

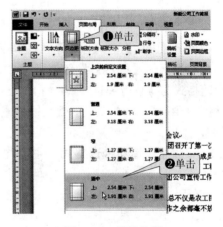

图 4-2-2 设置边距

二、设置字体和段落格式

设置好页面后，就可以对简报字体和段落格式进行美化和设置。

1. 设置报头的字符格式

（1）将报头文字设置为【居中】对齐，标题字体格式为【华文中宋、加粗、红色】。

（2）设置上方标题字号为【小二】，下方标题字号【小初】，在下方标题字之间插入【·】号。

（3）设置简报期数的字体格式为【黑体、三号】。

2. 绘制直线 单击【插入】选项卡，单击【插图】组中【形状】，在弹出的窗口中单击【线条】下的【直线】，如图 4-2-3 所示。

在文档报头下插入 2 条直线，设置颜色为【红色】，线型宽度分别为【3 磅】和【1 磅】，如图 4-2-4 所示。

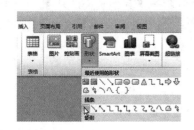

图 4-2-3　插入直线

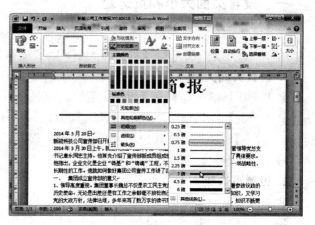

图 4-2-4　形状轮廓

［注］空格和换行，按下【Shift】键，然后画直线。

3. 设置正文标题 设置正文标题格式为【黑体、小四、居中】。

4. 设置正文格式

❶设置字体：选择正文标题以下的正文，设置【宋体、小四】，如图 4-2-5 所示。

❷单击【开始】→【段落】组按钮 。

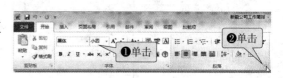

图 4-2-5　打开段落

❸在弹出的【段落】设置对话框中，设置段落格式为【首行缩进：2 字符】，行间距为【固定值：23 磅】。设置正文一级标题，【段前、段后：0.5 行】，如图 4-2-6 所示。

5. 设置主题词和抄送格式 主题词一般 1～5 个，主题词之间间隔 1 个字的距离，不用标点分隔。主题词和抄送格式可以使用表格来制作，操作步骤如下：

❶插入表格：将光标移动到文本落款下的空行，单击【插入】→【表格】，如图 4-2-7 所示。

❷拖动鼠标，选中 1 列 3 行的 1 个表格，松开鼠标，表格插入到光标位置。

❸设置边框：在【设计】→【表格样式】组中单击【边框】 边框 按钮。

❹在打开的下拉列表中单击【上框线】去除表格的上边框线，单击【左框线】去除

图 4-2-6　段落设置

118

表格的左边框线。

❺单击【右框线】去除表格的右边框线，只保留单元格的下框线，如图4-2-8所示。

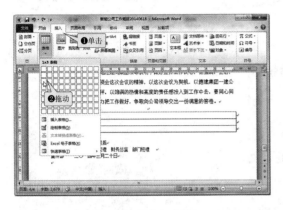

图 4-2-7 插入表格

图 4-2-8 设置表格边框

❻将表格下方的文字拖动到表格内，冒号及冒号之前的字体设置为【黑体、三号】，冒号之后的所有字体设置为【华文中宋、三号】。

❼使用空格键将表格最后两行的文字向右移动到适当的位置。

6. 设置英文字体 全选文档内容，设置所有英文字体为【Times New Roman】，中文字体保持不变。

三、设置项目编号

文档经过字体和段落设置后，已经完成了初步的设置。现在，我们为文档中的一些小标题添加编号样式，操作步骤如下：

1. 设置正文二级标题的字体格式

（1）按住【Ctrl】键不放，单击鼠标一个一个选中素材正文所有二级标题。

（2）设置字体格式为【宋体、加粗、四号】。

2. 打开【编号】对话框

❶在保持文本选择状态下，单击【开始】→【段落】组中的【编号】 按钮，如图4-2-9所示。

❷在打开的下拉列表中选择【第一、】格式编号。

3. 设置编号缩进

❶选择任意一个编号，单击鼠标右键，如图4-2-10所示。

❷在弹出的快捷菜单中选择【调整列表缩进】。

❸在弹出的【调整列表缩进量】对话框的【编号之后】下拉列表中选择【空格】，如图4-2-11所示。

图 4-2-9 定义编号

119

❹单击【确定】，为所选段落按照添加的编号样式缩进。

图 4-2-10　调整缩进

图 4-2-11　调整缩进量

4. 添加编号　选择【第一、】下方的文本，设置其编号为【1. 2. 3. ……】的样式，然后使用相同的方法将编号之后的【缩进量】改为【空格】。

四、插入页码

1. 设置页码类型

❶定位光标在简报首页的任意位置，单击【插入】→【页眉和页脚】→【页码】，如图4-2-12 所示。

❷单击【页面底端】，在弹出的【页面底端】下拉列表中，选择【普通数字 3】。

2. 设置页码格式

❶单击【设计】，如图 4-2-13 所示。

❷单击【页眉和页脚】→【页码】，在弹出的下拉列表中选择【设置页码格式】。

❸在弹出的【页码格式】对话框内，在【编号格式】下拉列表中选择【-1-, -2-, -3-, …】编号格式。

❹在【页码编号】选项组下选择【起始页码】，如图 4-2-14 所示。

❺单击【确定】完成页码设置，单

图 4-2-12　页码类型

击【关闭页眉和页脚】。

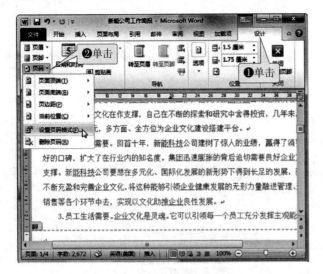

图 4-2-13　页码格式

图 4-2-14　页码编号

五、打印文档

1. 打印预览

❶单击【文件】→【打印】，单击【状态栏】中的【50%】，如图 4-2-15 所示。

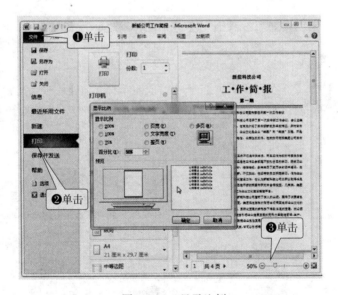

图 4-2-15　显示比例

❷在弹出的【显示比例】对话框中设置显示比例，其范围从 10%～500%，这里选择 50%。

❸单击其他选项卡就可以退出打印预览界面，切换到原来的视图。

2. 打印文档　打印编排好的文档，通常是文字处理的最后一步。在 Word 2010 中有多种方式选择打印文档，如打印选中的文字、打印奇数页、打印当前页面或打印指定页面等。

（1）打印部分文档内容。

❶在文档中选中要打印的文本，单击【文件】→【打印】，在【设置】选项组中选择【打印所选内容】，如图 4-2-16 所示。

❷单击【打印】→【份数】，可使用按钮来调节打印份数或在【份数】文本框中直接输入要打印的份数。如设置打印份数为【5】，系统默认逐份打印，单击【打印】，就可以按照设置的份数，打印出所选择的内容，如图 4-2-17 所示。

图 4-2-16　选择打印

图 4-2-17　打印份数

（2）打印文档的缩放。如果在【打印】对话框中设置纸张大小是 A3 纸，而现在只有 A4 纸可供打印，那么按 100％比例打印，文档内容会打印不全，这时就需要使用缩放功能才能完整打印。

❶单击【打印】→【每版打印 1 页】→【缩放至纸张大小】。

❷如果使用 A4 纸打印，则选择【A4】选项，系统默认选项为 A4，如图 4-2-18 所示。

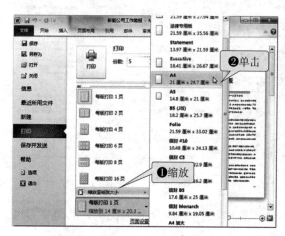
图 4-2-18　打印缩放

用户还可以设置【纵向】【横向】等来设置打印文档的属性。

活学活用

 制作一份团委工作简报

制作效果　【第四单元 \ 结果 \ 团委工作简报.PDF】

活动要求　1. 新建 1 个 Word 2010 文档，保存文档名为【团委工作简报】。

2. 将制作效果文件【团委工作简报.PDF】内容，录入到新建的【团委工作简报.docx】中。

3. 第 1、2 行居中对齐。第 1 行字体【微软雅黑，初号，红色】。

4. 第 2 行【宋体,四号】；第 3 行【宋体，四号】，两端对齐。

5. 插入一条红色直线，【精细 3 磅】。

6. 正文及结尾按效果制作。

案例三　制作公司产品销售业绩表

陈成编辑完公司各种规章制度之后，收到销售部负责人发来的邮件，希望帮助制作本月的公司产品销售业绩表。陈成请教市场部小李，小李说："销售业绩表有两种形式，一种是表格形式，一种是文本形式。根据公司需要，建议用表格形式来做。制作这样的表格，使用 Word 2010 是很方便的。"于是陈成开始用 Word 2010 来创建公司销售业绩表。

● **案例素材：** 第四单元 \ 素材 \ 新能公司产品销售业绩表 . PDF

● **案例效果：** 第四单元 \ 结果 \ 新能公司产品销售业绩表 . PDF

一、绘制表格

使用 Word 2010 可以绘制复杂的表格，如绘制包含不同高度单元格的表格或每行列数不同的表格。

新建 1 个空白文档，保存文档名称为【新能公司销售业绩表 . docx】，然后在这个文档上绘制 1 个【4×6】4 列 6 行的表格。可以使用工具栏、按钮绘制表格，也可使用对话框绘制表格，方法和步骤如下：

1. 使用工具栏绘制表格

❶单击【插入】选项卡【表格】组中的【表格】，如图 4-3-1 所示。

❷在【插入表格】下，拖动鼠标以选择需要的行数和列数。鼠标光标所经过的单元格会被选中。网格顶部提示栏会显示被选中表格的列数和行数。

❸拖动同时，光标所在区域可以预览到所要插入的表格，单击就可插入表格。

2. 使用按钮绘制表格 如果要绘制不规则的、复杂的表格，如包含不同高度的单元格或者每行有不同列数的表格，可以使用 Word 2010 提供的绘制表格功能，像用铅笔画图一样，绘制出复杂的表格，操作步骤如下：

❶单击【插入】→【表格】→【绘制表格】，如图 4-3-1、图 4-3-2 所示。此时，鼠标光标变为笔的形状。

❷使用鼠标绘制矩形：移动笔形光标到文本区域，按住鼠标左键拖曳到适当的位置，释放鼠标左键，即绘制出 1 个矩形，也就是表格的边框，如图 4-3-3 所示。

❸绘制表格行：移动笔形光标到需要绘制表格行的位置，按住鼠标左键，然后横向拖曳鼠标就可以绘制出表格的行。

重复这一步骤，绘制 5 行表格行。

绘制表格列：移动笔形光标到需要绘制表格列的位置，按住鼠标左键不放，然后纵向拖曳鼠标就可以绘制出表格的列。重复这一步骤，绘制 4 列表格列。

❹使用【擦除】按钮：如果绘制了不需要的线，如多绘制了一列，就可以将光标放在表格内，单击【表格工具】选项卡，【表格边框】组中的【擦除】，如图 4-3-4 所示，此时光标变为橡皮的形状。

❺删除多余框线：将橡皮形状的光标移到要擦除的框线一端，按住鼠标左键不放，然后拖曳光标到框线的另一端，释放鼠标左键就可以删除该框线。

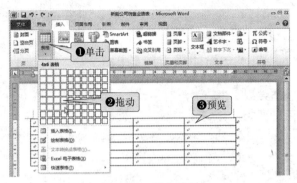

图 4-3-1 插入表格

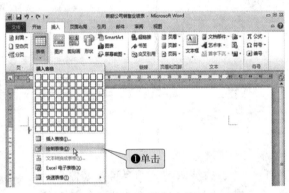

图 4-3-2 绘制表格

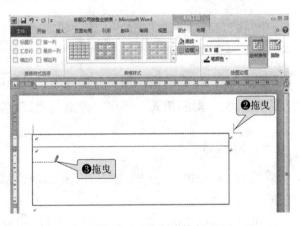

图 4-3-3 绘制表格行

3. 使用对话框插入表格

❶单击【插入】→【表格】组中的【插入表格】，如图 4-3-5 所示。

❷在弹出的【插入表格】对话框内，在【表格尺寸】选项组中设置表格的【列数】和【行数】。单击【列数】微调框右侧的向下按钮，设置列数为【7】，单击【行数】微调框右侧的向上按钮，设置行数为【14】。也可以在【行数】和【列数】微调框中直接输入数值，如

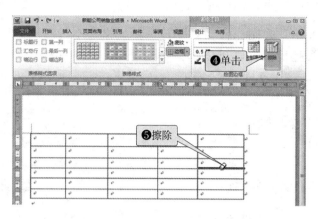

图 4-3-4　擦除多余框线

图 4-3-6 所示。

❸单击【确定】就可以在文本中插入表格，然后根据【第四单元 \ 素材 \ 新能公司产品销售业绩表 . PDF】，在表格内添加内容。

图 4-3-5　插入表格

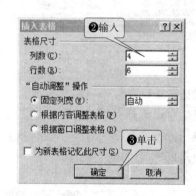

图 4-3-6　输入表格尺寸的行列数

125

二、设置表格

表格是由若干个单元格组成的，对表格可以进行选定、插入、删除、拆分等操作，显示出隐藏的段落标记和其他隐藏的格式符号。

❶单击【开始】选项卡的【段落】组，如图 4-3-7 所示。

❷单击【显示/隐藏】 按钮，可显示出段落标记和隐藏的标记符号。

1. 选定行、列、单元格和表格　选择表格最常用的方法是用鼠标单击，可选择 1 个单元格、多个单元格或者整个表格，也可以选择单元格中的文字、段落。

❶选择单个单元格：将光标移动到单元格的左侧，当光标变成 形状时，单击鼠标就可以选中当前单元格，如图

图 4-3-7　显示/隐藏

4-3-8 所示。

❷选择多个单元格：将光标移动到要选择单元格文本的左侧，当光标变成↗形状时按下鼠标左键，然后拖曳鼠标就可以选中多个单元格及单元格中的文本，如图 4-3-9 所示。

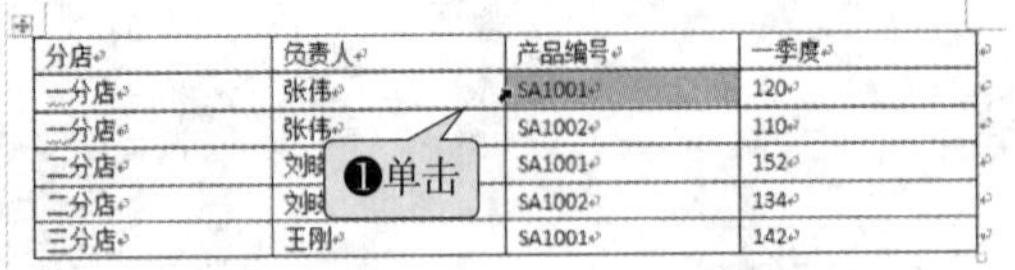

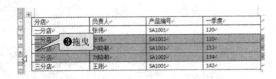

分店	负责人	产品编号	一季度
一分店	张伟	SA1001	120
一分店	张伟	SA1002	110
二分店	刘晓敏	SA1001	152
二分店	刘晓敏	SA1002	134
三分店	王刚	SA1001	142

图 4-3-8　选择 1 个单元格

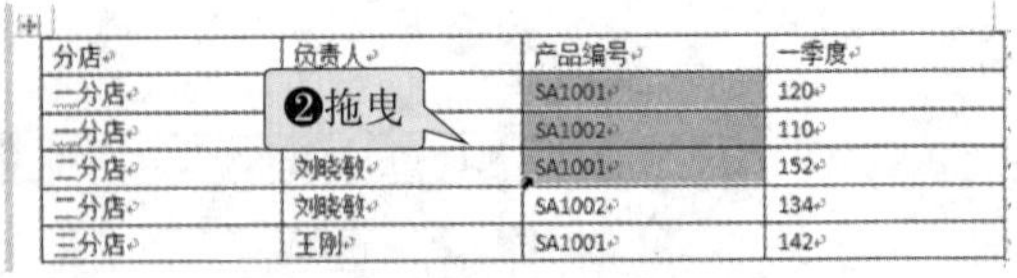

分店	负责人	产品编号	一季度
一分店	张伟	SA1001	120
一分店	张伟	SA1002	110
二分店	刘晓敏	SA1001	152
二分店	刘晓敏	SA1002	134
三分店	王刚	SA1001	142

图 4-3-9　选择多个单元格

❸选择多行单元格：将光标放置到表格要选择行的左边侧，光标变成↗形状时，单击就可以选择当前行，向上或向下拖曳就可以选择多行，如图 4-3-10 所示。

❹选择一列单元格：将光标放置到表格要选择行的上方，光标变成⬇形状时，单击就可以选择当前列，如图 4-3-11 所示。

分店	负责人	产品编号	一季度
一分店	张伟	SA1001	120
一分店	张伟	SA1002	110
二分店	刘晓敏	SA1001	152
二分店	刘晓敏	SA1002	134
三分店	王刚	SA1001	142

图 4-3-10　选择多行单元格

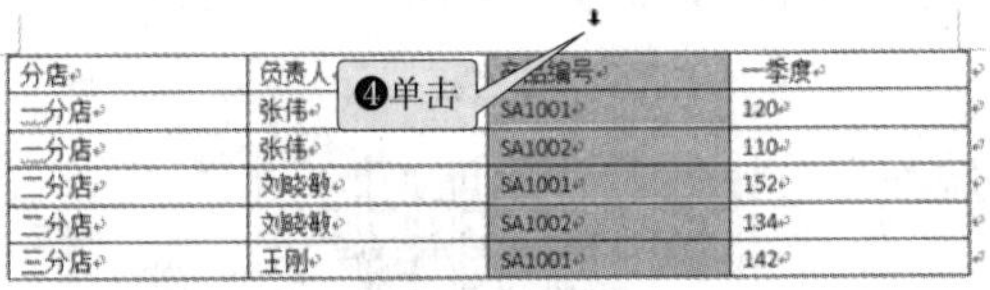

分店	负责人	产品编号	一季度
一分店	张伟	SA1001	120
一分店	张伟	SA1002	110
二分店	刘晓敏	SA1001	152
二分店	刘晓敏	SA1002	134
三分店	王刚	SA1001	142

图 4-3-11　选择单列

❺选择多列单元格：将光标放置在表格的上方，当光标变成⬇形状时，按住鼠标左键左右拖曳就可以选择多列单元格，如图 4-3-12 所示。

❻选择整个表格：对整个表格的选择是将光标移动到表格左上角的表格移动控制点⊞上，单击鼠标就可以选中整张表格，如图 4-3-13 所示。

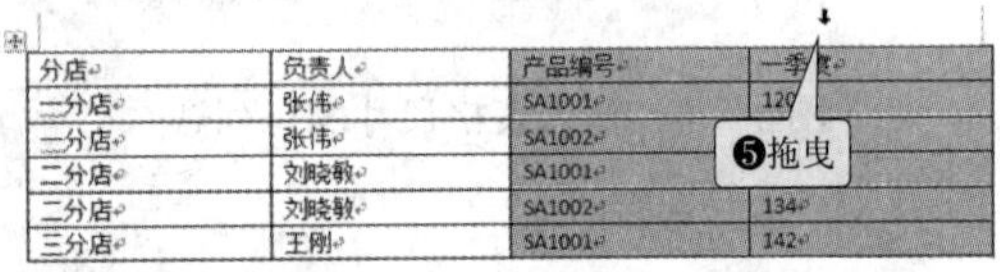

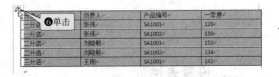

分店	负责人	产品编号	一季度
一分店	张伟	SA1001	120
一分店	张伟	SA1002	110
二分店	刘晓敏	SA1001	152
二分店	刘晓敏	SA1002	134
三分店	王刚	SA1001	142

图 4-3-12　选择多列

分店	负责人	产品编号	一季度
一分店	张伟	SA1001	120
一分店	张伟	SA1002	110
二分店	刘晓敏	SA1001	152
二分店	刘晓敏	SA1002	134
三分店	王刚	SA1001	142

图 4-3-13　选择整张表

2. 插入和删除行、列　对表格结构进行调整时需要进行插入行和列、删除行和列操作。

（1）插入行。调整表格结构时需要插入行，操作步骤如下：

❶在表格内选中需要插入行相邻的行。选中【二分店】第 1 行，出现【表格工具】选项卡，如图 4-3-14 所示。

❷单击【布局】。

❸单击【在上方插入】，在【二分店】第 1 行上方插入 1 个空行。

在空行中的单元格中依次输入如下内容：【一分店　张伟　SA1003　113】。

使用相同操作在【三分店】上方插入 1 行空行，输入如下内容：【二分店　刘晓敏

SA1003　161】。

相同操作在【二分店】最后 1 行上方插入 2 行空行。

❹选中【三分店】行，如图 4-3-15 所示。

❺单击【表格】组中的【在下方插入】2 次，插入 2 行空行，分别输入如下内容：【三分店　王刚　SA1002　163】【三分店　王刚　SA1003　129】。

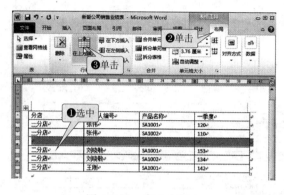

图 4-3-14　在上方插入　　　　　　　　　　图 4-3-15　在下方插入

相同操作在【三分店】第 3 行的下方插入 1 行空行。输入如下内容：【四分店　杨小娟　SA1001　157】。

[注] 将光标放置在要插入行的右侧换行符处，按【Enter】键，可以快速插入 1 行。

❻移动光标到【四分店】最后 1 行的右侧，如图 4-3-16 所示。

❼按【Enter】键，插入 1 行。

在插入行的下边用同样的方法再插入 1 行空行，输入如下内容：【四分店　杨小娟　SA1002　156】【四分店　杨小娟　SA1001　157】。

（2）插入列。

❶选择要插入列的相邻列，这里选择【一季度】，如图 4-3-17 所示。

❷单击【表格工具】→【布局】→【行和列】。

❸单击【在表格左侧插入】，在【一季度】左侧插入 1 列。

127

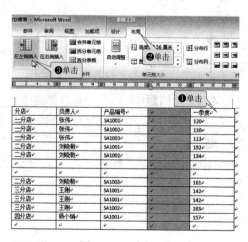

图 4-3-16　按 Enter 键插入　　　　　　　　图 4-3-17　插入列

单击3次【在表格右侧插入】，完成插入列操作，输入素材文档【第四单元＼素材＼新能公司产品销售业绩表．PDF】中的以下内容：

（3）删除行。当表格结构有多余行时，需要删除多余的行，操作步骤如下：

❶选择要删除的行：选择【二分店】上边的空行，如图4-3-18所示。

❷单击【表格工具】→【布局】→【行和列】→【删除】。

❸在弹出的下拉列表中，选择【删除行】，进行同样操作，继续删除下边的空行。

（4）删除列。

❶选中第4列空列，如图4-3-19所示。

❷单击【表格工具】→【布局】→【行和列】→【删除】。

❸在弹出的下拉列表中，选择【删除列】，删除多余的列

3. 合并单元格 将相邻单元格之间的边线擦除，就可以将2个以上单元格合并为1个大的单元格。同理，在1个单元格里添加1条或几条线，就可以将1个单元格拆分成2个或2个以上的小单元格。

❶选择要合并的单元格：选择第1列的3个【四分店】单元格，如图4-3-20所示。

❷单击【表格工具】→【布局】。

❸单击【合并单元格】，用同样的方法，合并一分店、二分店和三分店。

4. 设置标题 在表格上方添加标题【新能公司产品销售业绩表】，操作步骤如下：

❶将光标定位到第1行，右击。在弹出的快捷菜单中，单击【插入】→【在上方插入】空行作为标题行，并将其合并为1个单元格。在单元格内输入【新能公司产品销售业绩表】，如图4-3-21所示。

❷选择标题行，在【设计】→【表格样式】组中，单击【上框线】 上框线(P)按钮取消表格的上框线。

❸单击【左框线】 左框线(L)按钮取消表格的左框线。

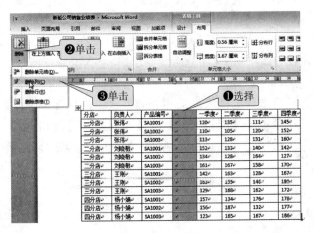

图4-3-18 删除行

图4-3-19 删除列

❹单击【右框线】 右框线(R) 按钮取消表格的右框线。

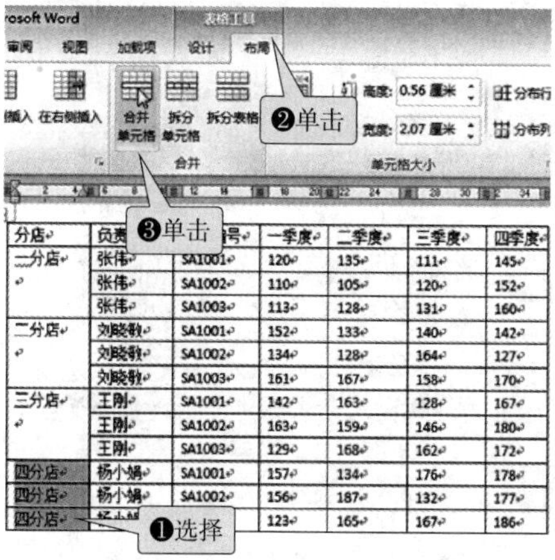

图 4-3-20　合并单元格

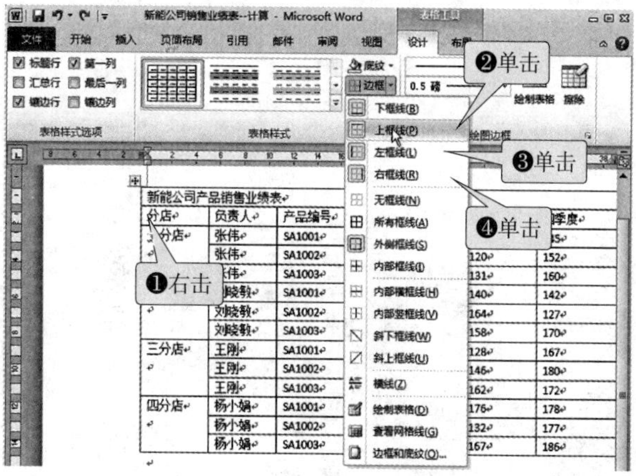

图 4-3-21　删除表格边框

三、调整表格的列宽和行高

在 Word 2010 中不同的行可以有不同的高度，但同一行中所有单元格必须具有相同的高度。一般情况下，向表格中输入文本时，Word 会自行调整行高以适应输入的内容。如果需要调整行高，可以手动进行调整。调整行高和列宽的操作基本相同，在此以列宽的调整为例。

图 4-3-22　调整列宽

1. 使用鼠标光标调整表格的列宽

❶将光标定位到需要调整表格的列边线上，光标变成↔形状，如图 4-3-22 所示。

❷按住鼠标左键拖曳，会出现 1 条虚线来指示新的列宽。移动光标到合适的位置，释放鼠标左键，完成列宽的调整。

2. 使用命令调整表格的列宽　要精确调整表格的列宽，可以使用【表格属性】对话框。

❶将光标移动到表格中需要调整高度的标题行，单击【设计】选项卡【表】组中的【属性】，如图 4-3-23 所示。

❷在弹出的【表格属性】对话框中单击【行】选项卡，选择【行】→【尺寸】下的复选框指定高度，输入【1 厘米】，如图 4-3-24 所示。

❸单击【确定】完成行高设置。

四、表格中的计算

Word 2010 提供了表格计算功能，可以对表格中的数据进行一些简单的运算，如求和、求最大值、求最小值和求平均值等。

129

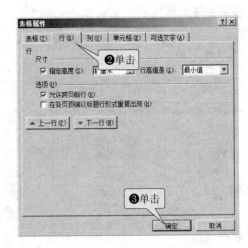

图 4-3-23　表格属性　　　　　　　　　　　图 4-3-24　调整行高

1. 求和　在表格的【第四季度】右侧插入 1 列，第 1 行输入【合计】，然后进行求和计算，操作步骤如下：

❶将光标定位于计算结果的单元格中，单击【布局】选项卡的【公式】，如图 4-3-25 所示，弹出【公式】对话框。

❷在该对话框中，【公式】文本框用于设置计算所用的公式，【编号格式】下拉列表框用于设置计算结果的数字格式，【粘贴函数】下拉列表中列出了 Word 2010 中提供的函数。在【公式】文本框中输入【＝SUM（LEFT）】，表示左边表格中的各项数据求和。其中 SUM 函数可以在【粘贴函数】下拉列表中选择。在【编号格式】下拉列表框中选择【0】选项。

❸单击【确定】，自动计算出结果，完成本列的求和计算。

2. 求平均值

❶在表格最后一行，插入 1 个空行，合并最后一行的第 1 到第 3 列，并输入【平均销售】。

❷将光标定位在【平均销售】行【第一季度】列，单击【公式】，弹出【公式】对话框，在公式文本框中输入【＝】，在【粘贴函数】下接列表中选择【AVERAGE】，这时公式文本框中出现【＝AVERAGE（ABOVE）】，在括号内输入计算方向单词【ABOVE】，单击【确定】，如图 4-3-26 所示。完成

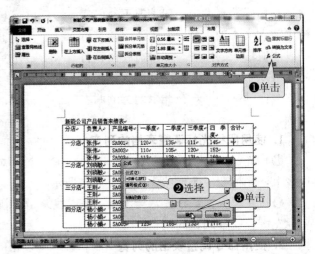

图 4-3-25　求和

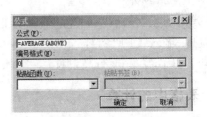

图 4-3-26　求平均值

130

本列的求平均值计算。

求最大值函数是【MAX】、求最小值函数是【MIN】，使用方法与求平均值基本相同。

五、设置文本格式

表格中的每一个单元格都相当于一个小文档，因此可以对选择的 1 个单元格、多个单元格或行、列中的文本进行对齐操作，包括左对齐、右对齐、两端对齐和分散对齐等操作。默认情况下，表格中文本的对齐方式是靠上居中对齐，操作步骤如下：

❶选择表格的第 1 行和第 2 行。

❷单击【布局】选项卡，在【对齐方式】组中单击【水平居中】。

❸选择表格第 1 列【分店】列，在【对齐方式】组单击【水平居中】。

❹选择【平均销售】单元格，在【对齐方式】组单击【水平居中】，完成后如图 4-3-27 所示。

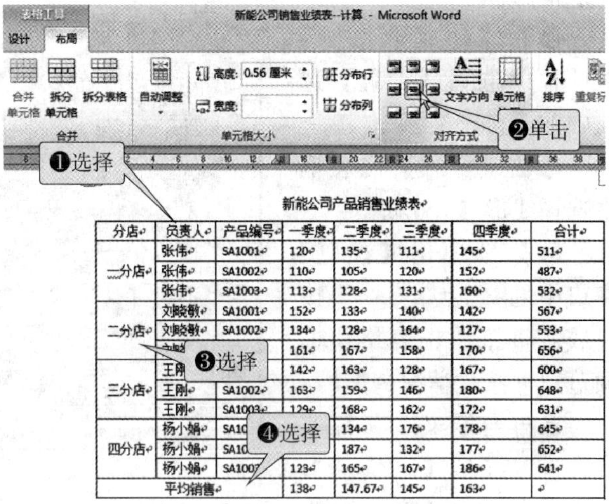

设置表格标题文字体为【宋体、小二】，第 2 行文字【加粗】。

图 4-3-27　设置文本格式

131

六、美化表格

在 Word 2010 中制作完表格后，可以对表格的边框、底纹及表格内的文本进行设置，使表格更加美观。可以使用 Word 2010 提供的【表格样式】进行设置，也可以手动进行设置。

1. 使用【表格样式】美化表格

（1）将光标移动到表格内任意位置。

（2）单击【设计】选项卡的【表格样式】组中的【浅色列表-强调文字颜色1】样式，如图 4-3-28 所示，完成表格样式设置。

（3）对设置的样式进行微调。选择第 1 列，设置【单元格对齐方式】为【水平居中】。Word 2010 提供了近 100 种表格样式，可以方便地从中选择合适的样式，其中第 1 个表格样式【网格形】为默认表格样式。

2. 设置边框　虽然 Word 2010 提

图 4-3-28　表格样式

供了许多表格样式，但并不能满足所有的需要，有时我们需要自己设置表格样式，操作步骤如下：

❶选择第1行以下的表格，单击【布局】选项卡【表】组中的【属性】，在弹出【表格属性】对话框中单击【表格】，如图4-3-29所示。

❷单击【边框和底纹】，弹出【边框和底纹】对话框。

❸在【边框和底纹】对话框中选择【设置】选项中的【自定义】。

❹在【样式】列表框中选择线形【1.5磅】。

❺分别单击【预览】窗口中的 4个按钮或者直接单击表格边框预览边框修改情况。

❻再自定义1条黑实线，设置线型【0.75磅】，单击 和 两个按钮，为表格中间线设置样式。

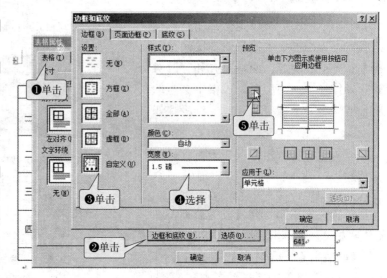

图4-3-29 设置边框

3. 设置底纹

❶选择第1行单元格，单击【表格属性】→【表格】→【边框和底纹】，选择【底纹】选项卡，如图4-3-30所示。

❷将【填充】中颜色设置为【橄榄色，强调文字颜色3，淡色60％】。

❸选择【应用于：单元格】。

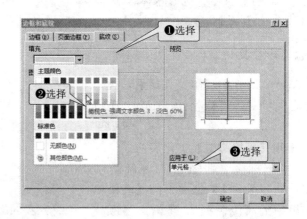

图4-3-30 设置底纹

4. 设置对齐方式 设置表格的对齐方式，将表格放置到合适的位置，操作步骤如下：

❶在【表格属性】对话框，选择【表格】选项卡，如图4-3-31所示。该选项卡可以对表格中文本的对齐方式和文字环绕方式进行设置。这里选择【对齐方式】为【居中】方式，【文字环绕】选择【环绕】方式，单击【确定】。

❷单击【定位】按钮，弹出【表格定位】对话框，如图4-3-32所示。在【水平】选项中的【位置】下拉列表中选择【居中】，在【垂直】选项中的【相对于】下拉列表中选择【页边距】。

❸单击【确定】，完成表格定位设置。

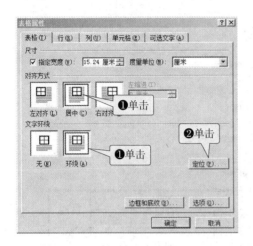

图 4-3-31 对齐方式

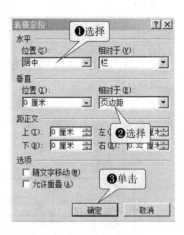

图 4-3-32 表格定位

七、表格与文本的互相转换

在实际工作中，常常需要将表格中的内容和文本互相转换，方法和操作步骤如下：

1. 将表格转换成文本

❶将光标放置在表格中或选中表格，单击【布局】，如图 4-3-33 所示。

❷单击【数据】组中的【转换为文本】。

❸在弹出的【表格转换成文本】对话框中，在【文字分隔符】中选择【制表符】，单击【确定】，完成转换。

2. 将文本转换成表格 文本转换成表格就是插入分隔符，如逗号或制表符，标出将文本分成表格的位置。使用段落标记指示要开始新行的位置。如在某行上有 2 个单词的列表中，在第 1 个单词后面插入逗号或制表符，可创建 1 个两列的表格，操作步骤如下：

❶选中要转换的文本，在【插入】选项卡上的【表格】中，单击【表格】，然后单击【将文字转换成表格】，如图 4-3-34 所示。

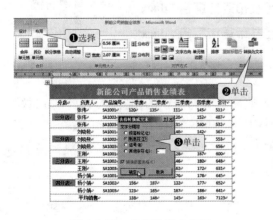

图 4-3-33 表格转换成文字

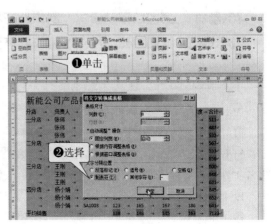

图 4-3-34 文本转换为表格

❷在弹出的【将文字转换成表格】对话框中，选择【文字分隔位置】为【制表符】。

❸单击【确定】，完成转换。

●●●● 活学活用 ●●●●

🔍 制作新能公司送货单

制作效果 【第四单元\结果\新能公司送货单.PDF】

活动要求 按照下表样式，使用 Word 2010 制作新能公司送货单。

新能公司送货单

品名	单价	发运数				验收数				备注
		等级	数量	单价	金额	等级	数量	单价	金额	
甲										
乙										
合计										

1. 表格外框线宽度【2.5 磅】，其余线宽【1 磅】。
2. 表格标题为【黑体、四号】，居中对齐，各项内容为【宋体、五号】，居中对齐。

🖐 案例四　制作新产品发布宣传广告

　　陈成已经学习 Word 2010 一段时间，对 Word 有了一定的了解，也具备一定的制作能力。他前面制作的文档基本上全是文字和表格。下面陈成通过制作产品发布宣传广告，来学习在 Word 2010 中插入图片、剪贴画等操作。

💿 **案例素材：** 第四单元\素材\制作新产品发布宣传广告.docx
💿 **案例效果：** 第四单元\结果\制作新产品发布宣传广告.docx

一、插入图片

　　Word 2010 可以将外部的图片，如保存在本地硬盘或网络中的图片插入到 Word 文档中，可插入文档的图片格式有：JPEG，GIF，BMP 和 WMF 等。操作方法如下：

　　打开【第四单元\素材\制作新产品发布宣传广告.docx】文档，另存为【D：\自己姓名文件夹\制作新产品发布宣传广告.docx】。

1. 插入图片

❶将插入点置于打开文档的第 3 行结尾处，如图 4-4-1 所示。

❷在编辑窗口中，单击【插入】→【插图】→【图片】。

❸在打开的【插入图片】对话框中选择【第四单元 \ 素材 \ pic4-1.jpg】，如图 4-4-2 所示，单击【插入】，图片插入到文档中。

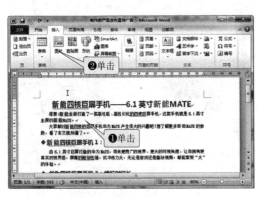

图 4-4-1　插入图片

图 4-4-2　选择图片

2. 调整插入的图片

❶右击插入的图片，如图 4-4-3 所示。

❷在弹出的快捷菜单中选择【大小和位置】。

❸弹出如图 4-4-4 所示的【布局】对话框，单击【文字环绕】，选择【四周型】，单击【确定】。调整图片到与【第四单元 \ 结果 \ 制作新产品发布宣传广告 . docx】效果相同的位置。

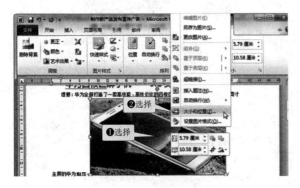

图 4-4-3　调整图片

图 4-4-4　图片布局

[注] 将 pic4-1. jpg 图片复制到剪贴板中，然后粘贴到编辑区中的光标插入点位置也可实现图片插入。

二、插入剪贴画

Word 2010 提供了大量的剪贴画供用户使用，使用这些剪贴画可以为文档增添吸引力和表现力，插入剪贴画的操作方法和步骤如下：

1. 插入剪贴画　将光标置于【制作新产品发布宣传广告 . docx】文档文尾。

❶选择【插入】选项卡，如图 4-4-5 所示。

❷单击【插图】组中的【剪贴画】按钮。

❸窗口右侧打开【剪贴画】任务窗格。单击【搜索】按钮，在下方显示所有的剪贴画。

❹单击列表框中的【j0285410.wmf】剪贴画，将其插入到文档中，如图4-4-6所示。

图4-4-5 剪贴画

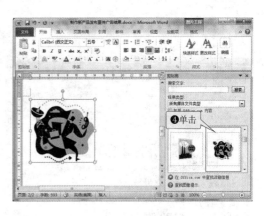

图4-4-6 插入剪贴画

2. 使用搜索插入剪贴画 插入剪贴画时，可以在【剪贴画】任务窗格的【搜索文字】文本框中输入相关的关键字，如输入【计算机】后，单击【搜索】按钮，下面的列表框中将显示搜索到的与计算机相关的剪贴画，方便快速选择，如图4-4-7所示。

3. 添加剪贴画 来自扫描仪或数码相机的图片都可以添加到剪贴画管理器中。单击【开始】按钮，打开【开始】菜单，单击【所有程序】→【Microsoft Office】→【Microsoft Office 2010 工具】→【Microsoft 剪辑管理器】，打开【收藏夹-Microsoft 剪辑管理器】对话框，如图4-4-8所示。

❶单击该对话框【文件】。

❷单击【将剪辑添加到管理器】。

❸选择【来自扫描仪或照相机】，打开【插入来自扫描仪或照相机的图片】，选择接入计算机的设备，单击【插入】按钮，图片被添加到剪贴画管理器中。

图4-4-7 搜索剪贴画

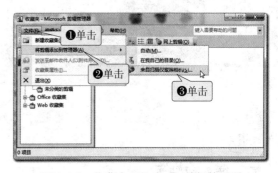

图4-4-8 收藏夹-Microsoft 剪辑管理器

三、插入屏幕截图

在编写文档时，需要截取屏幕图形的时候，可以使用 Word 2010 提供的屏幕截图工具，直接截取活动窗口或窗口上某个区域的图形，这些图形能自动插入到光标所在位置。操作步

136

骤如下：

1. 截取全屏图像　选择要插入图像的位置。

❶单击【插入】选项卡，如图 4-4-9 所示。

❷单击【插图】组→【屏幕截图】，在弹出的【可用视窗】下拉列表中，单击要截取的屏幕剪辑，该屏幕剪辑会自动插入到文档中。

2. 自定义截取图像
将光标置于【制作新产品发布宣传广告.docx】文档文尾，选择【插入】选项卡，单击【插图】组→【屏幕截图】，在弹出的下拉列表中单击【屏幕剪辑】，此时当前文档的编辑窗口将最小化，如图 4-4-10 所示。

❶屏幕中的画面呈半透明的白色。

❷指针变为"＋"字形状。

❸拖动鼠标，经过要截取的画面区域，最后释

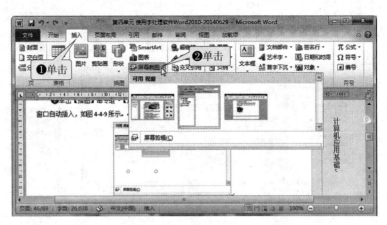

图 4-4-9　截取全屏图像

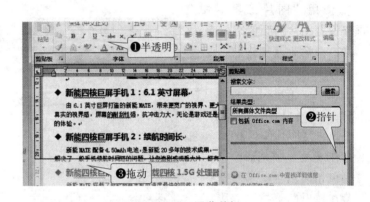

图 4-4-10　屏幕剪辑

137

放鼠标，完成截取，所截取的图像将自动插入到目标文档插入点处。

四、设置图片格式

单击选定【制作新产品发布宣传广告.docx】文档中插入的图片后，图片周围出现 4 个空心方块、4 个空心圆点及 1 个绿色的圆点，鼠标拖动这些空心方块和空心圆点可以改变图片的大小，拖动绿色圆点可以旋转图片。

1. 使用快捷菜单设置图片格式

❶选中图片后，单击鼠标右键，打开如图 4-4-11 所示的快捷菜单。

❷单击【自动换行】，设置文字的环绕方式。

2. 设置图片的大小和位置

❶右击【制作新产品发布宣传广告.docx】文档中插入的图片，在弹出的快捷菜单中选择【设置图片格式】。

❷在打开的【设置图片格式】对话框中，对图片的边框、阴影、映像、发光、三维格

式、亮度、对比度、颜色、艺术效果等进行设置，如图 4-4-12 所示。

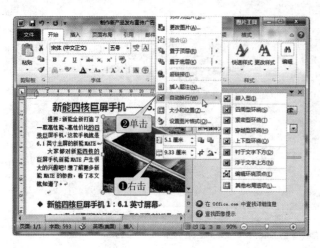

图 4-4-11　自动换行　　　　　　　　　　　图 4-4-12　"设置图片格式"对话框

3. 使用"图片工具-格式"选项卡设置图片的颜色饱和度

❶右击插入【制作新产品发布宣传广告 .docx】的 "Pic4-1.jpg" 图片，单击【设置图片格式】，在弹出的【设置图片格式】窗口中单击【图片颜色】。

❷在【图片颜色】窗口，单击【颜色和饱和度】。

❸在弹出的下拉列表中，单击【颜色饱和度：300％】，如图 4-4-13 所示。

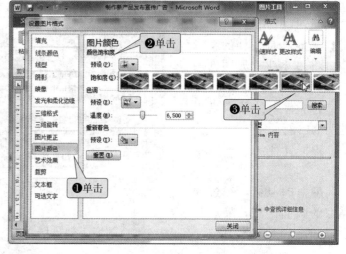

图 4-4-13　设置图片"颜色饱和度"

4. 【图片样式】命令组

Word 2010 为图片预设 28 种样式，在这里可以任选 1 种图片样式，对图片的边框、效果和版式等进行设置。

❶选择插入到文档中的图片 "Pic4-1.jpg"，单击【图片工具】→【快速样式】，如图 4-4-14 所示。

❷单击【样式】下拉列表中的【松散透视，白色】，即可快速应用该样式。

5. 设置图片边框　选择插入到文档中的 "Pic4-1.jpg"。

❶单击【图片工具-格式】选项卡，单击【图片边框】，如图 4-4-15 所示。

❷在弹出的下拉列表中，设置图片边框颜色为【白色、背景 1、深色 15％】

❸粗细为【3 磅】，虚线为【实线】。

6. 设置图片效果

❶选择【图片工具-格式】选项卡，单击【图片效果】，如图 4-4-16 所示。

❷在弹出的下拉列表中，单击【映像】→【半映像，接触】。

在这里还可以设置图片的阴影、发光、柔化边缘、三维棱台等效果，而且各种效果都提供了多种方案，请自己练习。

7. 排列图片　在 Word 2010 中可以设置图片、剪贴画等的文字环绕方式、层次，并可以对图片进行对齐、旋转和组合。单击【选择窗格】打开【选择和可见性】任务窗格，对图片进行选择和显示隐藏设置。

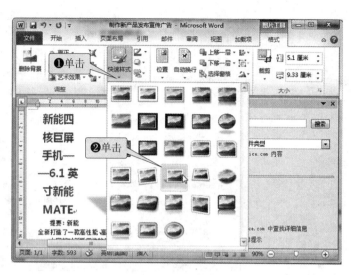

图 4-4-14　应用预设样式

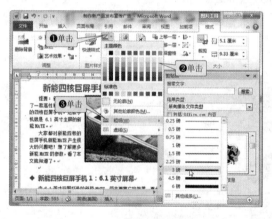

图 4-4-15　设置图片边框

图 4-4-16　设置图片效果

（1）设置文字的环绕方式。

❶选中"Pic4-1. jpg"，选择【图片工具-格式】选项卡，单击【排列】组中的【位置】按钮，如图 4-4-17 所示。

❷选择【顶端居右，四周型文字环绕】，完成文字的环绕设置。

（2）设置文字的环绕类型。

❶选中图片后，选择【图片工具-格式】选项卡，单击【排列】组中的【自动换行】按钮，如图 4-4-18 所示。

❷在弹出的下拉列表中单击【四周型环绕】。

（3）编辑文字环绕顶点。在【自动换行】下拉列表中，单击【编辑环绕顶点】选项，将鼠标指向各顶点，拖动鼠标对文字环绕的顶点进行编辑，如图 4-4-19 所示。

图 4-4-17 设置文字的环绕方式

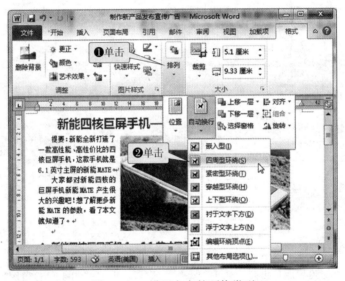

图 4-4-18 设置文字的环绕类型

（4）【大小】命令组。可以对图片进行裁剪，或应用不同的裁剪行为；设置图片的高度、宽度及打开【布局】对话框，对图片的大小、缩放比例等进行设置。

8. 裁剪图片 裁剪图片是指裁剪图片，删除不需要的部分。操作步骤如下：

❶选中需要裁剪的图片，图片四周出现 8 个控制点。

❷选择【图片工具-格式】选项卡，单击【大小】组中的【裁剪】，在弹出的下拉列表中单击【裁剪】。

❸将鼠标指针移动到图片上，根据指针方向拖动鼠标，可裁剪图片中不需要的部分。如果拖动鼠标的同时按住【Ctrl】键，可以对称裁剪图片。

9. 把图片裁剪为形状

❶单击【图片工具-格式】→【大小】组中的【裁剪】，如图 4-4-20 所示。

❷在裁剪图片的操作中，如果把【裁剪】改变成【裁剪为形状】。

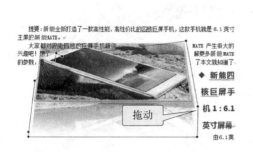

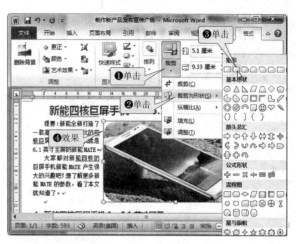

图 4-4-19 编辑文字环绕顶点   图 4-4-20 裁剪为形状

❸在【矩形】中单击 1 个形状，如【圆角矩形】，即可把图片裁剪为圆角矩形。

10. 改变图片大小 可以改变图片的高度、宽度及缩放比例等，操作步骤如下：

❶选择 "Pic4-1.jpg" 图片，单击【图片工具-格式】→【大小】组中的【高级版式：大小】按钮，打开【布局】对话框，在这里进行高度、宽度、缩放等设置，单击【大小】选项卡，如图 4-4-21 所示。

❷设置【缩放高度、宽度】比例为 70％，比例大于 100％ 为放大，小于 100％ 为缩小。

141

图 4-4-21 改变图片大小

最后，鼠标拖动适当调整图片的位置，保存文档。

•••• 活学活用 ••••

🔍 制作嫦娥三号简介

制作效果　【第四单元 \ 结果 \ 嫦娥三号简介.PDF】

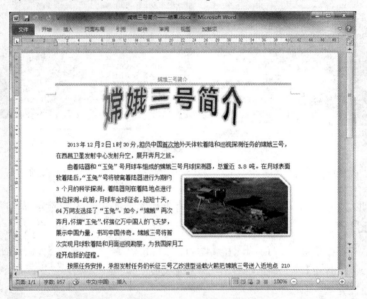

活动要求　按照制作效果，使用 Word 2010 制做嫦娥三号简介。

1. 新建文档　保存文件名为【嫦娥三号简介.docx】。

2. 设置页面　设置页边距（上、下）各 2.6cm，（左、右）各 3cm。

3. 设置艺术字　将标题【嫦娥三号简介】设置为艺术字。设置艺术字为【渐变填充–蓝色，强调文字颜色 1，轮廓–白色，发光–强调文字颜色 2】；字体为【微软雅黑】字号为【小初】；字形【加粗】；艺术字文本填充为渐变，预设颜色为【红日西斜】，类型为【射线】；文本效果为【桥形】；文字环绕方式为【四周型环绕】，适当调标题的位置，并设置对齐为【横向分布】。

4. 设置分栏　将正文的第四段设置为两栏格式，栏间距为 2 个字符。

5. 设置边框和底纹　为正文最后一段设置底纹，图案式样为 10%。为最后一段添加双波浪型边框。

6. 插入图片　在【嫦娥三号简介.docx】制作效果所示位置插入图片。插入的图片位于【第四单元 \ 素材 \cesh-3.jpg】。图片缩放为 110%，图片样式为【剪裁对角线，白色】，图片边框为【粗线】下的【4.5 磅】。文字环绕方式为【紧密型】。

7. 设置页眉和页脚　按制作效果设置页眉，插入页码，并设置相应的格式。

案例五 制作"网购机票登机"流程图

同学们通过学校招生就业办找到了工作，招生就业办通过网络给部分到外地工作的学生预订了下个月的飞机票，为了让这些同学顺利登机，工作人员用 Word 2010 制作了网购机票登机流程图。

Word 2010 提供了线条、矩形、基本形状、箭头总汇、公式形状、流程图、星与旗帜以及标注 8 种类型的形状工具，利用它可以创建各种图形。绘制好图形单元后，通过编辑操作，可对其进行修饰、添加文字、组合、调整叠放次序等，使图形达到满意效果。

案例效果： 第四单元 \ 结果 \ 网购机票登机流程图 . PDF

一、创建图形

1. 绘制矩形 新建 1 个 Word 文档，保存并命名为【网购机票登机流程图 . docx】。

❶选择【插入】选项卡，单击【插图】组中的【形状】，如图 4-5-1 所示。

❷在弹出的下拉列表中选择单击【矩形】→【单圆角矩形】。

❸当鼠标指针变为"+"字形状时，在编辑窗口中拖动鼠标，就可以绘制出相应的【矩形】下的【单圆角矩形】，如图 4-5-2 所示。

2. 绘制规则图形 在绘制图形时，按住【Shift】键，可以绘制出标准的图形。如绘直线时按住【Shift】键可以绘制出水平、垂直、45°、135°的标准直线，绘制矩形或椭圆时按住【Shift】键可以分别绘制出正方形和正圆。

如果要对绘制图形进行旋转、更改大小等操作，其操作方法与图片相同。绘制图形的文字环绕方式默认为【浮于文字上方】。选择绘制的形状后，

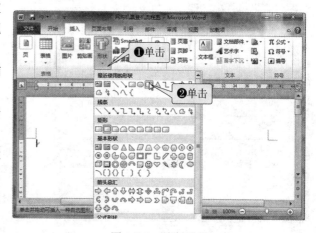

图 4-5-1 绘制形状

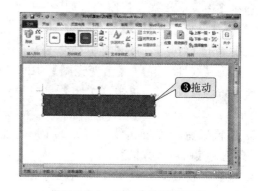

图 4-5-2 绘制的单圆角矩形

143

会出现一至多个黄色的小棱形，鼠标拖动它，可以调整形状。

二、设置形状图形

选择绘制的形状后，功能区中会显示【绘图工具-格式】选项卡，单击【绘图工具-格式】中的【形状样式】组，在其中为形状应用预设的样式，设置形状的填充、轮廓和特殊效果。单击【绘图工具-格式】【插入形状】组中的【编辑形状】按钮，在打开的下拉列表中单击【编辑顶点】，鼠标指向相应的顶点，拖动可以对绘制的形状进行顶点编辑，鼠标拖动该点两端的操作杆，可继续编辑，鼠标单击形状外任意一处，结束编辑。

1. 设置大小 选定单圆角矩形，在【绘图工具-格式】中的【大小】组中，设置其高度为 1.5 厘米，宽度为 12 厘米。

2. 设置填充色

❶单击【绘图工具-格式】选项卡，如图 4-5-3 所示。

❷在【形状样式】组中，单击【形状填充】按钮。

❸在弹出的下拉列表中，单击【渐变】→【其他渐变】，打开【设置形状格式】对话框。

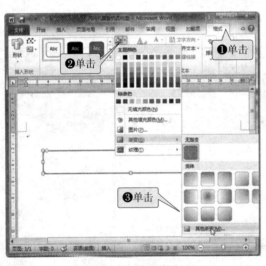

图 4-5-3 设置渐变

图 4-5-4 选择预设【红木】填充

❹在【设置形状格式】窗口，如图 4-5-4 所示，单击【填充】→【渐变填充】，单击【预设颜色】，在弹出的下拉列表中单击【红木】，将【类型】设置为【线性】，【方向】设置为【线性向下】，【渐变光圈】中的【停止点 1】的位置设置为【10％】。单击【关闭】完成设置，如图 4-5-5 所示。

3. 设置线宽 设置粗线为【2.25 磅】，虚线为【实线】，颜色为【白色，背景】。

4. 设置形状效果 设置【发光】为【发光变体】中的【红色，8pt 发光，强调文字颜色 2】，设置后效果如图

图 4-5-5 设置形状格式

4-5-6 所示。

图 4-5-6　设置好的单圆角矩形

图 4-5-7　在图形中添加文字

还可以通过【绘图工具-格式】选项卡中的预设形状样式来快速设置形状格式。

三、在图形中添加文字

1. 为图形添加文字　选定单圆角矩形，单击鼠标右键，在弹出的快捷菜单中单击【添加文字】，在图形中输入如图 4-5-7 所示文字，并设置【文本左对齐】。

2. 输入其他文字　复制图形添加文字。复制单圆角矩形 6 个，并添加文字。文字可在【第四单元＼结果＼网购机票登机流程图 . PDF】文件中复制。

3. 对齐图形　按住【Shift】键，单击选定 7 个图形，单击【绘图工具-格式】选项卡，单击【排列】组中的【对齐】，在弹出的下拉列表中分别依次单击【对齐边距】【纵向分布】。然后，在对齐下拉列表中分别依次单击【对齐页面】【左右居中】，如图 4-5-8 所示，排列后效果如图 4-5-9 所示。

图 4-5-8　对图形对象进行排列

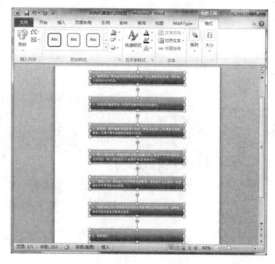

图 4-5-9　图形对象排列后效果

四、组合图形对象

1. 绘制箭头

（1）单击【插入】→【形状】，在弹出的下拉列表中单击【箭头总汇】→【下箭头】，绘制 1 个箭头。

（2）单击选定单圆角矩形，单击【开始】选项卡【剪贴板】组中的【格式刷】。

（3）单击刚绘制的下箭头，把单圆角矩形的格式复制给它。

（4）设置该箭头大小为：高为 1.3 厘米、宽为 2.0 厘米，如图 4-5-10 所示。

2. 编辑箭头

❶选定箭头，复制 5 个，适当调整其位置，如图 4-5-11 所示。

❷选中所有的单圆角矩形和箭头，单击【绘图工具-格式】选项卡，单击【排列】组中的【组合】，在弹出的下拉列表中选择【组合】，将所有图形对象组合成一个整体。

图 4-5-10　设置箭头

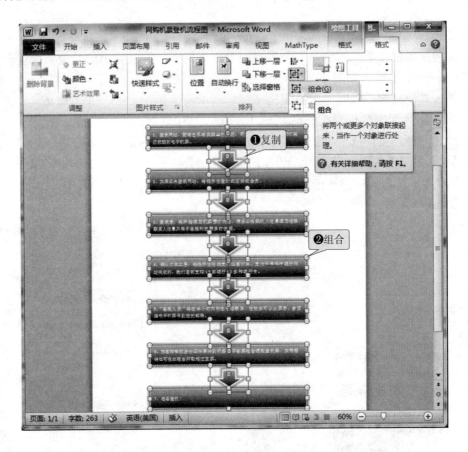

图 4-5-11　对图形对象进行组合

五、调整图形的叠放次序

（1）在文档中，单击【插入】选项卡，单击【文本】组中的【文本框】，在弹出的下拉列表中单击【绘制文本框】，在文档首部绘制一文本框。其大小设置为：高 4 厘米、宽 8 厘米，无边框线。

（2）将插入点置于文本框中，单击【插入】选项卡，单击【插图】组中的【图片】按钮，插入【第四单元 \ 素材 \ pic5-6 图片】，如图 4-5-12 所示。

（3）选择文本框，单击【绘图工具-格式】选项卡，单击【排列】组中的【下移一层】，在弹出的下拉列表中，单击【下移一层】或【置于底层】，如图 4-5-13 所示。

（4）保存文档，效果见【第四单元 \ 结果 \ 网购机票登机流程图 . PDF】文档。

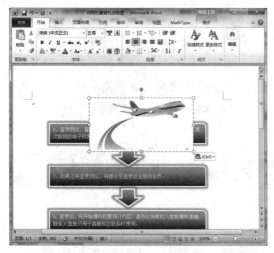

图 4-5-12　绘制文本框并在文本框中插入图片

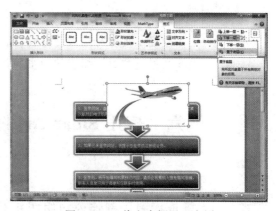

图 4-5-13　将文本框置于底层

●●●　**活学活用**　●●●

🔍 使用形状制作"嫦娥三号简介"卡片

制作效果　【第四单元 \ 结果 \ 嫦娥三号简介.PDF】

活动要求　使用 Word 2010 制作【嫦娥三号简介】卡片。

147

> ## 嫦 娥 三 号 简 介
>
> 　　由着陆器和"玉兔"号月球车组成的嫦娥三号月球探测器，总重近3.8吨。在月球表面软着陆后，"玉兔"号将驶离着陆器进行为期约3个月的科学探测，着陆器则在着陆地点进行就位探测。此前，月球车全球征名，短短十天，64万网友选择了"玉兔"。如今，"嫦娥"再次奔月，怀揣"玉兔"、怀揣亿万中国人的飞天梦，展示中国力量，书写中国传奇。嫦娥三号将首次实现月球软着陆和月面巡视勘察，为我国探月工程开启新的征程。

1. 绘制并设置形状　绘制一个圆角矩形，高度为 9cm，宽度为 14cm。形状样式设置为【浅色 1 轮廓，彩色填充–蓝色，强调颜色 1】。形状填充设置为【渐变】→【其他渐变】→预设颜色为【雨后初晴】，类型为【射线】，方向为【从右上角】，停止点 1 的颜色设置为【蓝色】，停止点 4 的颜色设置为【浅蓝】。

2. 添加文字　在上面的矩形中，添加一个标题【嫦娥三号简介】，并录入如下文字。

内容：由着陆器和"玉兔"号月球车组成的嫦娥三号月球探测器，总重近3.8吨。在月球表面软着陆后，"玉兔"号将驶离着陆器进行为期约3个月的科学探测，着陆器则在着陆地点进行就位探测。此前，月球车全球征名，短短十天，64万网友选择了"玉兔"。如今，"嫦娥"再次奔月，怀揣"玉兔"、怀揣亿万中国人的飞天梦，展示中国力量，书写中国传奇。嫦娥三号将首次实现月球软着陆和月面巡视勘察，为我国探月工程开启新的征程。

3.将标题设置为【微软雅黑，一号，居中】。将字符间距设置为【加宽,8磅】。全部文字颜色设置为【黑色，文字1】。

4.设置正文首行缩进2字符，1.5倍行间距，设置内部边距为左1cm。

5.利用【插图】组中的【形状】工具，绘制装订口，并纵向匀排。

案例六　应用 SmartArt 图形制作公司组织结构图

陈成接到了制作公司组织结构图的任务，他想到了用 Word 2010 的 SmartArt 图形来快速制作。SmartArt 图形是信息和观点的可视表示形式，SmartArt 图形是为文本设计的，如果要完成组织结构图、层次结构、列表信息、工作流程等过程性任务，可使用 SmartArt 图形。

案例素材： 第四单元 \ 素材 \ 新能公司组织结构图 . docx

案例效果： 第四单元 \ 结果 \ 新能公司组织结构图 . PDF

一、插入 SmartArt 图形

1. 新建文档　新建 1 个 Word 文档，保存在 D 盘自己姓名的文件夹下，命名为【新能公司组织结构图 . docx】。

2. 插入 SmartArt 图形

❶选择【插入】选项卡，单击【插图】组中的【SmartArt】，在打开的【选择 SmartArt 图形】对话框左侧选择【层次结构】，如图 4-6-1 所示。

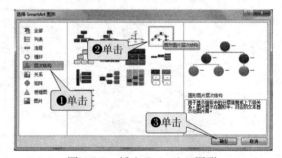

图 4-6-1　插入 SmartArt 图形

❷在中间的列表框中选择【圆形图片层次结构】。

❸单击【确定】按钮，就可以在文档的插入点处插入图片组织结构图。

二、编辑 SmartArt 图形

插入 SmartArt 图形后，根据需要输入文字和插入图片。

❶选定 SmartArt 图形，出现【SmartArt 工具】选项卡，单击【SmartArt 工具-设计】→【创建图形】→【添加形状】，如图 4-6-2 所示。

❷选中图形，单击【升级】【降级】按钮，可以改变组织结构图中的级别。单击【上移】【下移】按钮，可以把序列中当前选定的内容上下移动。

❸单击【文本窗格】可以显示或隐藏文本窗格，单击【从右向左】，在从左向右和从右

向左之间切换 SmartArt 图形布局。单击【布局】，可以更改所选形状的分支分布。

❹如果某一个图形不需要，请选中【文本框】，然后按【Delete】键删除，如图 4-6-3 所示。

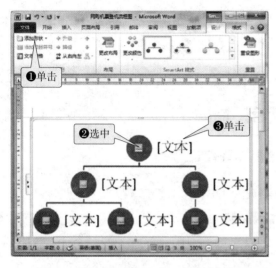

图 4-6-2　SmartArt 工具

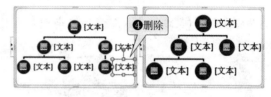

图 4-6-3　删除文本框前、后

❺输入文本信息，依次单击【文本】图标，插入【第四单元 \ 素材 \ Pic5-7. jpg ～ Pic5-14.jpg】图形，编辑完成后效果如图 4-6-4 所示。

❻选择图片后，单击【SmartArt 工具-格式】选项卡，单击【形状】组中的【更改形状】，在弹出的下拉列表中单击【矩形】可将形状更改为矩形。

图 4-6-4　新能公司组织结构图

149

三、设置 SmartArt 图形

1. 设置布局　选定 SmartArt 图形，单击【SmartArt 工具-设计】选项卡，单击【布局】组中的【其他结构】，就可以在弹出的【选择 SmartArt 图形】对话框中快递设置 SmartArt 图形的布局。

2. 更改颜色　选定 SmartArt 图形，单击【SmartArt 工具-设计】选项卡，单击【更改颜色】，在弹出的下拉列表中单击【重新着色 SmartArt 图形中的图片】，完成颜色更改。

3. 设置 SmartArt 样式　选定 SmartArt 图形，单击【SmartArt 工具-设计】选项卡，单击【SmartArt 样式】中的【白色轮廓】，完成 SmartArt 样式设置。

4. 设置字体　选定 SmartArt 图形，单击【开始】选项卡，单击【字体】旁的下拉按钮，在弹出的下拉列表中单击【微软雅黑】，保存文档，最终效果如图 4-6-5 所示。

如果对 SmartArt 样式和效果设置不满意，可单击【SmartArt 工具-设计】选项卡中的【重设图形】，放弃对 SmartArt 图形所做的全部格式更。

图 4-6-5　组织结构图最终效果

●●●● 活 学 活 用 ●●●●

🔍 **利用 SmartArt 图形制作工会职代会具体程序**

制作效果　【第四单元\结果\工会职代会具体程序.PDF】

活动要求　使用 Word 2010 制作如图所示的工会职代会具体程序。

1.打开【第四单元\素材\工会职代会具体程序.docx】文件。

2.在标题【工会职代会具体程序】后按【Enter】键，插入 SmartArt 图形中的【流程→垂直 V 形列表】。

3.在【工会职代会具体程序.docx】输入文字，可剪切素材中相应的文字到 SmartArt 图形的文本框中。

4.选中 SmartArt 图形，设置颜色为【彩色范围-强调文字颜色 5 至 6】。设置 SmartArt 样式为【文档的最佳匹配对象】下的【强烈效果】。设置字体为【幼圆】，字号为【16 磅，加粗】。

5.设置标题字体为【微软雅黑】，字号为【一号】，加粗，居中。字体效果设置为【渐变填充-蓝色，强调文字颜色 1，轮廓-白色，发光-强调文字颜色 2】。

案例七 完善"新能公司组织结构图.docx"文档

陈成选择使用 SmartArt 图形软件，制作完成了新能公司组织结构图，但总感觉用 SmartArt 图形软件制作的结构图呆板，不够新颖，缺乏艺术性。陈成想到了使用文本框、文档部件及艺术字完善新能公司组织结构图。

案例素材： 第四单元 \ 素材 \ 新能公司组织结构图 . docx

案例效果： 第四单元 \ 效果 \ 完善新能公司组织结构图 . PDF

一、使用文本框

文本框是独立的、特殊的图形对象，框中的文字和图片可随文本框移动，利用它可以把文档编排得更加丰富多彩。下面以插入图片和文本框的形式在文档中显示管理人员的基本信息，操作步骤如下：

1. 插入图片

（1）打开【第四单元 \ 素材 \ 新能公司组织结构图 . docx】文档，另存为【完善新能公司组织结构图 . docx】，将光标置于组织结构图下方。

（2）单击【插入】选项卡，单击【插图】组中的【图片】，插入【第四单元 \ 素材 \ Pic5-11. jpg～Pic5-14. jpg】4 张图片。

（3）右击【Pic5-11. jpg】图片，在弹出的快捷菜单中，单击【大小和位置】，设置缩放为：高度【70%】，选择【锁定纵横比】与【相对于原始图片大小】前的复选框，单击【确定】按钮，完成图片设置，用同样的方法设置其他 3 张图片。

2. 绘制文本框

（1）单击【插入】选项卡，单击【文本】组中的【文本框】，在弹出的下拉列表中单击【绘制文本框】，在【Pic5-11. jpg】下方拖动鼠标绘制 1 个文本框。

（2）在文本框中输入文字，如图 4-7-1 所示。

（3）选中该文本框，选择【绘图工具-格式】选项卡，单击【形状样式】组中的【其他】，在弹出的下拉列表中单击【浅色 1 轮廓，彩色填充-橄榄色，强调颜色 3】。

3. 排列文本框 复制该文本框，调整好位置，给其他管理员照片添加基本信息；按住【Shift】键，依次单击 4 个文本框，选定它们，选择【绘图工具-格式】选项卡，单击【排列】组中的【对齐】，在弹出的下拉列表中分别使用【上下居中】和【横向分布】，均匀排列 4 个文本框，保存文档，如图 4-7-1 所示。

改变文本框的位置、大小和环绕方式，设置文本框的形状样式等操作与图形形状的设置基本相同。

单击【绘图工具-格式】→【文本】组→【创建链接】，将此文本框链接另一个文本框，使文本在其间传递，如图 4-7-2 所示，单击鼠标后，效果如图 4-7-1 所示。

图 4-7-1　使用文本框

图 4-7-2　文本框之间"创建链接"

4. 设置文本框格式

❶右击文本框，在弹出的快捷菜单中选择【设置形状格式】，打开【设置形状格式】对话框，如图 4-7-3 所示。

❷单击左列中的【文本框】。

❸在【内部边距】组中，通过设置【左】【右】【上】和【下】4 个文本框中的数值，调整文本框内文字与文本框四周边框之间的距离。

图 4-7-3　设置形状格式

二、使用文档部件

在 Word 2010 中输入文字时，经常遇到反复输入的句子或者段落，如公司地址、电话、E-mail 等，可以利用 Word 2010 中的文档部件，将这些经常用到的文字存储起来，方便以后文档中用到时可快速插入。

1. 打开文档

❶打开【完善的新能公司组织结构图.docx】文档，将光标置于文尾。

❷输入公司地址、客服电话、E-mail 等内容。

2. 创建文档部件

❶选中图 4-7-4 文档中所示的文字。

❷单击【插入】选项卡，单击【文本】组中的【文档部件】。

❸在弹出的下拉列表中单击【将所选内容保存到文档部件库】。

❹弹出【新建构建基块】对话框，在【名称】后文本框中输入【新能公司地址】，在保存位置后下拉列表中选择【Normal.dotm】，单击【确定】按钮，完成创建，保存文档，如图 4-7-5 所示。

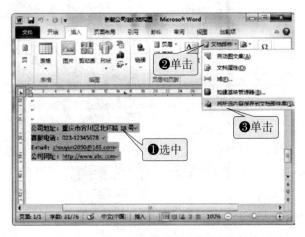

图 4-7-4 将所选内容保存到文档部件库

图 4-7-5 新建构建基块

3. 使用文档部件 当下次在 Word 2010 文档中需要输入新能公司地址等信息时，只要单击【文档部件】，在弹出的下拉列表中单击【新能公司地址】或输入【新能】，按【Enter】键即可输入，如图 4-7-6 所示。

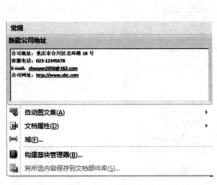

图 4-7-6 使用文档部件输入重复文字

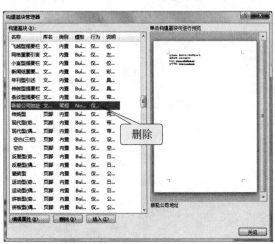

图 4-7-7 构建基块管理器

如果保存到文档部件库中的文档部件不需要了，可单击【文档部件】，在弹出的下拉列表中选择这个文档部件，单击鼠标右键，在弹出的列表中单击【整理和删除】，打开【构建基块管理器】对话框，在该对话框选中要删除的对象，单击【删除】按钮，即可删除，如图 4-7-7 所示。

三、使用艺术字

为了增加文字的感染力，美化文档，可以通过 Word 2010 文档中艺术字修饰文字来实现。最终效果见【第四单元 \ 结果 \ 完善新能公司组织结构图 . PDF】。

1. 插入艺术字　在打开的【完善新能公司组织结构图 . docx】文档，录入标题并选中标题行文字。

❶单击【插入】选项卡，单击【文本】组中的【艺术字】，如图 4-7-8 所示。

❷在弹出的下拉列表中单击【填充-蓝色，强调文字颜色 1，金属棱台，映像】样式。

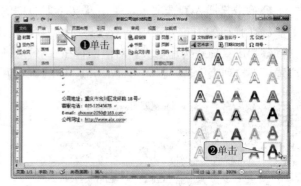

图 4-7-8　插入艺术字

插入艺术字也可以先选择【插入】选项卡，单击【文本】组中的【艺术字】，在弹出的下拉列表中单击艺术字的一种样式，即可在文档中插入 1 个带有艺术字效果的文本框，此时直接输入需要的文字即可同样实现艺术字效果，如图 4-7-9 所示。

2. 设置艺术字　插入艺术字后，选择艺术字对象，在激活的【绘图工具-格式】选项卡中可进行详细的设置，其设置方法与设置其他图形格式基本相同。

请在此放置您的文字

图 4-7-9　插入的艺术字文本框

❶单击【新能公司组织结构图】艺术字文本框，设置字体为【微软雅黑，初号，加粗】；文字环绕为【上下型环

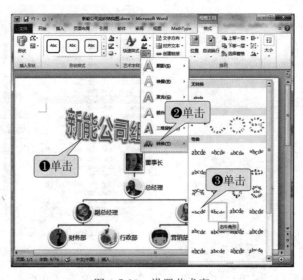

图 4-7-10　设置艺术字

绕】，对齐为【横向分布】，如图 4-7-10 所示；艺术字样式改为【填充-橄榄色，强调文字颜色 3，轮廓-文本 2】。

❷文本效果为【转换】。

❸单击【右牛角形】，保存文档。

●●●● 活学活用 ●●●●

🔍 利用文本框编排文档版面

制作效果　【第四单元 \ 结果 \ 清明.PDF】

活动要求　使用 Word 2010 按照制作效果，制作清明文档。

1.新建 Word 文档　保存文档名为【清明.docx】。

2.设置页面　设置纸张为【B5】，纸张方向为【横向】。

3.设置图片　在【清明.docx】所示文件首位置插入图片【第四单元 \ 素材 \qm-2.jpg】。图片缩放为【75%】，位置为【顶端居左，四周型文字环绕】。

4.设置图片边框线　宽度【1 磅】，短划线类型【长划线-点-点】，复合类型【由细到粗】，线端类型【圆型】，联接类型【圆形】。边框线颜色【水绿色】，强调文字颜色【5】，深色【25%】。图片效果为【发光】→【水绿色，18pt 发光，强调文字颜色 5】，【三维旋转】→【左透视】，设置图片艺术效果为【画图笔划】。

5.绘制并设置文字框　绘制竖排文本框，位置【顶端居右，四周型文字环绕】，高为 11cm、宽为 12cm，无轮廓线。

6.形状填充　【其他填充】→【透明度】设置【95%】。形状效果为【发光】→【水绿色，18pt 发光，强调文字颜色 5】，【三维旋转】→【右透视】。

7.输入　在文本框中输入制作效果【清明.PDF】所示的文字，将所有文字（括号除外）字体设置为【隶书】，字号设置为【一号】，水平居中。全部文字转为繁体字。

8.设置【页面颜色】　用【第四单元 \ 素材 \qm-1.jpg】填充页面。

案例八　制作新能公司销售情况图表

　　公司销售部的赵耀，专门负责统计公司产品销售情况工作。公司要求每日、每半个月、每月上报给总经理。使用文档形式太过繁杂，赵耀决定使用添加图表、插入对象功能制作新能公司销售情况表。用图表形式上报的销售情况，既简洁又直观，得到了总经理的赞许。

⊚ **案例素材：** 第四单元＼素材＼新能公司 **2013** 年度各地市场销售情况表．docx
⊚ **案例效果：** 第四单元＼结果＼新能公司 **2013** 年度各地市场销售情况表．PDF

　　图表是一种用图像比例表现数值大小的图形，使用图表可以比表格更直观地反映数值间的对应关系，给文档添加图表可以增加可读性，使文档更加生动有趣，起到图文并茂效果。

一、插入图表

　　1. 在素材文件中插入图表　打开【第四单元＼素材＼新能公司 2013 年度各地市场销售情况表．docx】文档。

　　❶复制素材表格中第 1～5 列数值，将插入点置于文尾，选择【插入】选项卡，如图 4-8-1 所示。

　　❷单击【插图】组中的【图表】，打开【插入图表】对话框。

　　❸单击【柱形图】下的【簇状柱形图】，单击【确定】，插入图表，弹出【Microsoft Word 中的图表-Microsoft Excel】，如图 4-8-2 所示。

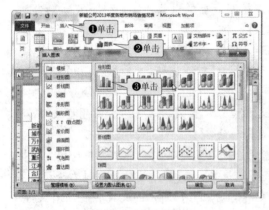

图 4-8-1　插入图表

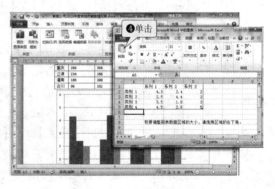

图 4-8-2　插入图形

　　❹将光标定位于【Microsoft Word 中的图表-Microsoft Excel】中的 A1 单元格，选择【开始】选项卡，单击【剪贴板】组中的【粘贴】。

　　❺按数据表中的提示，拖曳图表数据区域的右下角，使蓝色框线包含数据区，再单击数据表右上角的【关闭】，完成图表插入，保存文档，如图 4-8-3 所示。

2. 设置图表格式 图表完成插入后，单击选中图表，自动激活【图表工具】选项卡，利用【图表工具-设计】【图表工具-布局】【图表工具-格式】对图表格式进行设置。

（1）设计图表类型。单击【图表工具-设计】，在【类型】组中可以完成【更改图表类型】。在【数据】组中可以通过重新【选择数据】和【编辑数据】来更改图表包含的区域。在【图表布局】组中可以更改图表的整体布局；在【图表样式】组可以更改图表的整体外观样式。在本案例中，【图表布局】

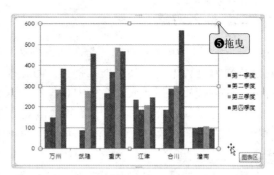

图 4-8-3　添加完成的图表

设置为：布局 10，单击【图表标题】输入："新能公司 2013 年销售情况图表"；图表样式设置为：样式 26。

（2）设计图表布局。单击【图表工具-布局】：在【当前所选内容】中可以选择的 1 个图表元素，以便设置其格式。在【标签】组中可以设置图表标题、坐标轴标题、图例及数据标签等；在【坐标轴】组中可以设置坐标轴及网格线；在【背景】组中可以设置绘图区、图表背景墙、图表基底等的背景。

单击【标签】中的【图例】，在弹出下拉列表中单击【在底部显示图例】。单击【坐标轴】组的【网络线】，在弹出的下拉列表中单击【主要纵网线】下的【主要网格线】。单击【绘图区】（在"当前所选内容"组中），单击【背景】组中的【绘图区】，在弹出的下拉列表中选择【其他绘图选项】，打开【设置绘图区格式】对话框，选择填充中的【图片或纹理填充】，单击【纹理】旁边的下拉按钮，在弹出的下拉列表中单击【鱼类化石】，如图 4-8-4 所示。

（3）设计图表样式。单击【图表工具-格式】，其使用方法与其他图形工具相同。这里，选择【图表区】，单击【形状样式】组的【其他】，在弹出的下拉列表中单击【浅色 1 轮廓，彩色填充-橄榄色，强调颜色 3】，保存文档，最后效果如图 4-8-5 所示。

图 4-8-4　设置绘图区格式

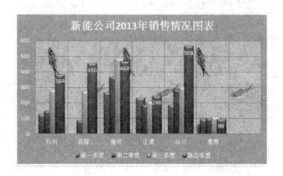

图 4-8-5　设置完成后的图表

157

二、插入对象

在 Word 2010 中，可以将整个文件作为对象插入到当前文档中，并可以使用原始程序对文件对象进行编辑。其原理是将文件内容插入到文档中并创建源文件的快捷方式，对源文件的修改直接反映到插入的文档中，操作步骤如下：

❶打开【新能公司 2013 年度各地市场销售情况表 . docx】文档。按【Ctrl＋End】键，将插入点定位到文件尾。单击【插入】选项卡，单击【文本】组的【对象】，如图 4-8-6 所示。

❷在弹出的【对象】对话框中，单击【由文件创建】选项卡。

❸单击【浏览】。在弹出的【浏览】对话框中，查找并选中【第四单元＼素材＼新能公司 2013 年度各地市场销售情况表 . xlsx】，单击【插入】，返回【对象】对话框。

❹单击【确定】，返回 Word 2010 文档窗口，可以看到插入到当前文档中的 Excel 文件对象，如图 4-8-7 所示。按【Ctrl＋S】组合键保存文档。

图 4-8-6　插入对象

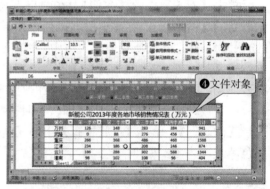

图 4-8-7　当前文档中插入的 Excel 文件对象

默认情况下，插入到 Word 文档窗口中的对象以图标的形式存在，双击对象可以打开文件的原始程序对其进行编辑，如图 4-8-8 所示。单击对象以外的任意区域，即结束对象的编辑。

如果在打开【对象】对话框中，单击【新建】选项卡，可以选择插入新建的 Word 2010 支持的组件对象。插入 1 个新的画图组件：

❶在【对象】文本框中选择【新建】选项卡，如图 4-8-9 所示。

❷在【对象类型】下拉列表中选择【Bitmap Image】。

❸如果勾选【显示为图标】复选框，插入的对象将会以图标形式显示在当前 Word 文档中。

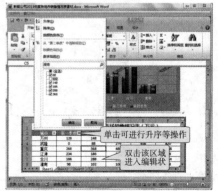

图 4-8-8　调用源程序编辑对象

❹单击【确定】，新的画图组件插入到文档中。

❺双击插入的图像对象图标，会启动画图程序，可进行绘图操作；关闭画图程序，返回 Word 文档编辑状态，要继续进行画图编辑双击该图标，如图 4-8-10 所示。

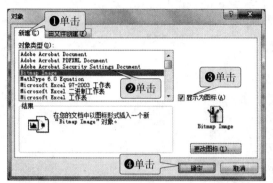

图4-8-9　插入【对象】对话框的【由文件创建】选项卡

图 4-8-10　插入画图组件

三、插入文件中的文字

在 Word 2010 的当前文档中可以插入另一 Word 文档文件的内容。在当前打开的【新能公司 2013 年度各地市场销售情况表．docx】文档中插入【新能公司组织结构图．docx】文档的内容，操作步骤如下：

（1）打开【第四单元 \ 结果 \ 新能公司 2013 年度各地市场销售情况表素材．docx】为当前文档，按【Ctrl＋End】组合键，将光标移至文件尾。

（2）选择【插入】功能选项卡，在【文本】组中单击【对象】，在弹出的下拉列表中单击【文件中的文字】，打开【插入文件】对话框，如图 4-8-11 所示。

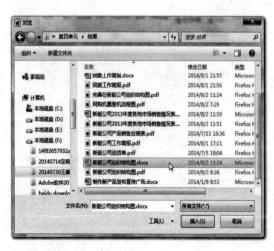

图 4-8-11　【插入文件】对话框

（3）查找并选中【新能公司组织结构图．docx】，单击【插入】按钮，返回 Word 2010 文档窗口，可以看到插入到当前文档中的另一个 Word 文件内容，效果如【第四单元 \ 结果 \ 新能公司 2013 年度各地市场销售情况表．docx】文档。

（4）按【Ctrl＋S】快捷组合键保存文档。

活学活用

 输入数学公式

制作效果　【第四单元 \ 结果 \ 数学公式.PDF】

活动要求　使用 Word 2010，编辑输入如下所示的数学公式：

$$\int \sin x \mathrm{d}x = -\cos x + c$$

$$x = \frac{-b \pm \sqrt{b^2 - 4ac}}{2a}$$

$$a^2 + b^2 = c^2$$

$$A = \pi r^2$$

$$\int \frac{1}{\sqrt{a^2 - x^2}} \mathrm{d}x = \arcsin \frac{x}{a} + c$$

第五单元 使用电子表格软件 Excel 2010

Excel 2010 是一款功能强大、实用性强的办公软件，具有强大的数据处理功能。利用 Excel 2010 处理数据能大大提高我们数据处理的效率。本单元需掌握工作簿的创建与管理、工作表中数据的输入、编辑和格式化；掌握 Excel 2010 图表的创建和格式设置、数据计算及分析处理功能；管理表中的数据。

Excel 2010 预备知识

案例一　创建企业员工信息表

案例二　制作企业员工工资统计表

案例三　制作企业销售业绩表

案例四　分析企业产品销售表

案例五　打印企业产品销售报表

Excel 2010 预备知识

一、启动和退出 Excel 2010

在实际操作中，有多种方法启动和退出 Excel 2010，可以自由选择一种方式，下面分别介绍常用的 Excel 2010 启动和退出方式。

（一）启动方式

1. 使用开始菜单启动 最常用的一种启动方法就是使用【开始】菜单启动 Excel 2010，操作方法与启动 Word 2010 相同。操作步骤如下：

单击【开始】→【所有程序】→【Microsoft Office】→【Microsoft Excel 2010】菜单项。

2. 使用桌面快捷方式启动 在桌面创建 Excel 2010 的快捷方式，然后利用快捷方式快速启动 Excel 2010，操作方法与 Word 2010 相同。操作步骤如下：

单击【开始】→【所有程序】→【Microsoft Office】→【Microsoft Excel 2010】→【发送到】→【快捷方式】，即可在桌面建立 Excel 2010 的快捷启动图标，如图 5-0-1 所示。

双击桌面上的 Excel 2010 的快捷方式图标，即可快速启动 Excel 2010。

图 5-0-1 快捷启动 Excel

3. 使用已有的工作簿启动 如果计算机里已经保存了 Excel 2010 工作簿，那么只需要双击工作簿文件即可启动 Excel 2010。

（二）退出方式

1. 使用按钮退出 在 Excel 2010 界面的右上角单击【关闭】按钮，即可退出程序，这是最常用、最简单的方法，如图 5-0-2 所示。

2. 使用菜单退出

❶单击【文件】选项卡，如图 5-0-3 所示。

图 5-0-2 单击按钮退出

图 5-0-3 使用菜单退出

163

❷单击【退出】选项即可退出 Excel 2010。

3. 使用快捷键退出 使用【Alt＋F4】组合键可快速关闭并退出 Excel 2010。

二、Excel 2010 的工作界面

新建的 Excel 2010 工作簿工作界面的主要区域，如图 5-0-4 所示：

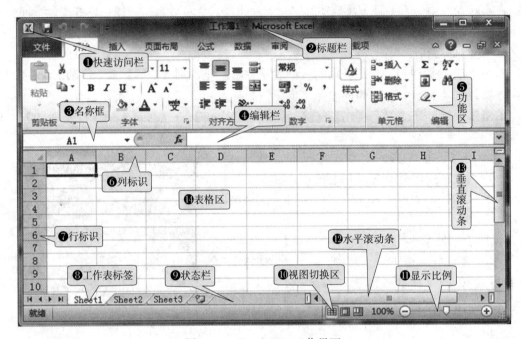

图 5-0-4 Excel 2010 工作界面

❶快速访问栏：用于放置命令按钮，可以快速启动经常使用的命令。

❷标题栏：显示文件名称。

❸名称框：显示单元格的名称。

❹编辑栏：用来显示当前单元格的内容。

❺功能区：Excel 2010 最明显的变化就是取消了传统的菜单操作方式，取而代之于各种功能区。在 Excel 2010 窗口上方看起来像菜单的名称其实是功能区的名称，当单击这些名称时并不会打开菜单，而是切换到与之相对应的功能区。

❻列标识：显示行标记。

❼行标识：显示列号记。

❽工作表标签：每个工作表有一个名称，工作表名称显示在工作表标签上。单击某个工作表标签，就可以选择该工作表为活动工作表。

❾状态栏：用于显示当前操作的各种状态，以及相应的提示信息。

❿视图切换区：不同视图相互切换。

⓫显示比例：调整当前文档显示大小。

⓬水平滚动条：水平方向超出显示界面时，调整观看内容的滚动条。

⓭垂直滚动条：垂直方向超出显示界面时，调整观看内容的滚动条。

⓮表格区：用来显示表格的主体区域，也是 Excel 的主要编辑区。

案例一　创建企业员工信息表

王冉被分配到人力资源部做文员，人事部主管拿出 1 个文件夹对王冉说："这里是企业新进员工填写的信息表，请你把他们的信息资料录入电脑备案！"为了方便以后的数据处理和分析，王冉采用 Excel 建立企业员工信息电子表。

案例效果： **第五单元 \ 结果 \ 企业员工信息表 . xlsx**

一、新建并保存工作簿

1. 新建空白工作簿　首先需要创建 1 个员工信息表。

通常情况下，每次启动 Excel 2010 后，系统会自动创建 1 个名称为【工作簿 1】的空白工作簿。我们也可以重新创建 1 个新的空白工作簿，操作步骤如下：

❶单击【文件】选项卡，如图 5-1-1 所示。

❷选择下拉式菜单中的【新建】。

❸在【可用模板】列表框中选择【空白工作簿】选项。

❹单击右下角的【创建】按钮，即创建 1 个新的工作簿。

我们也可以基于模板创建新的工作簿，操作步骤如下：

❶单击【文件】选项卡，如图 5-1-2 所示。

❷选择下拉式菜单中的【新建】。

❸在【可用模板】列表框中选择【样本模板】。

❹在【可用模板】列表框中根据需要选择相应的模板，如选择【个人月预算】，如图 5-1-3 所示。

❺单击右下角的【创建】按钮，即可创建好 1 个和图右边预览窗口一样的工作簿。

如果计算机连接了 Internet，也可以在【office. com 模板】下根据需要选择相应的模板；或者在【最近打开的模板】或者【我的

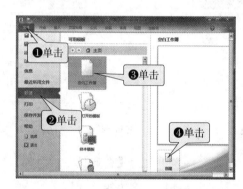

图 5-1-1　创建空白工作簿

165

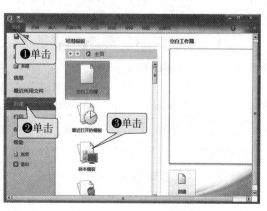

图 5-1-2　模板创建工作簿

模板】下选择相应的模板来创建新的工
作簿。

使用键盘快捷方式，按【Ctrl＋N】组合
键也可快速新建空白工作簿。

2. 保存工作簿

（1）使用开始菜单保存。

❶在【文件】菜单下单击【保存】按
钮，如图 5-1-4 所示。

❷在弹出的【另存为】对话框中，选择
文件的保存位置，如图 5-1-5 所示。位置默
认保存在桌面，如需更改保存文件的位置，
直接单击选择即可。

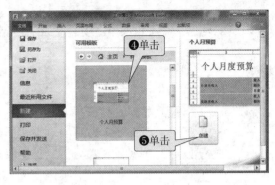

图 5-1-3　模板创建工作簿

图 5-1-4　文件选项卡

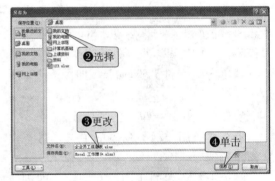

图 5-1-5　工作簿位置及文件名

166

❸将文件名更改为【企业员工信息表 . xlsx】。

❹单击【保存】按钮完成操作。

❺保存好的工作簿，在标题栏会显示工作簿的名称【企业员工信息表. xlsx】，如图5-1-6所示。

（2）使用快捷键保存。使用快捷组合键【Ctrl＋S】后可以调出图 5-1-5 中【另存为】对
话框，重复上述步骤就可以进行文件的保存了。

如果我们想将工作簿保存到其他的位置，可以单击【文件】，在弹出的下拉列表中选择
【另存为】，在弹出的【另存为】对话框
中设置工作簿保存的位置和名称。

（3）定时自动保存。为防止计算机
工作时遇到异常情况，如文件无法响
应、突然断电、死机等，我们可以设置
定时自动保存。

❶单击【文件】菜单，如图 5-1-7
所示。

❷单击【选项】按钮。

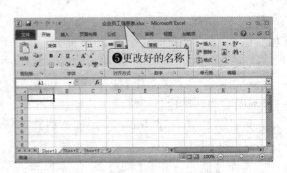

图 5-1-6　完成工作簿名称

❸在弹出的【Excel 选项】界面中，单击【保存】，如图 5-1-8 所示。

❹在右侧【保存自动恢复信息时间间隔】中设置所需要的时间间隔，这里设置时间间隔为【10】分钟，以后系统就会每隔 10 分钟自动将该工作簿保存 1 次。

3. 保护和共享工作簿　为了保护工作簿机密，我们可以为相关的工作簿设置密码保护；为实现数据共享，还可以设置共享工作簿。现在我们将企业员工信息表密码设置为【123】。

（1）保护工作簿。

❶打开【企业员工信息表 .xlsx】，单击【审阅】选项卡，如图 5-1-9 所示。

❷在【更改】组中单击【保护工作簿】。

❸在弹出的【保护结构和窗口】对话框中，可勾选【结构】和【窗口】复选框，如图 5-1-10 所示。若要保护工作簿的结构，请勾选【结构】复选框，若要使工作簿窗口在每次打开工作簿时大小和位置都相同，请勾选【窗口】复选框。

❹若要防止其他用户删除工作簿保护，在【密码（可选）】文本框中，键入密码【123】后单击【确定】。

❺再次键入密码以进行确认，如图 5-1-11 所示。

（2）共享工作簿。在平时工作中制作 Excel 表格或者图表时，我们可以将文件设置成共享工作簿，与同事共同进行编辑，这样可以大大提高我们的工作效率。

❶单击切换到【审阅】选项卡，如图 5-1-12 所示。

❷在【更改】组中单击【共享工作簿】按钮。

❸进入【共享工作簿】对话框，然后在该对话框中勾选【允许多用户同时编辑，同时允许工作簿合并】复选框，如图 5-1-13 所示。

图 5-1-7　设置定时自动保存

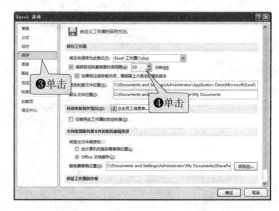

图 5-1-8　设置自动保存时间间隔

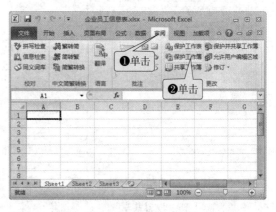

图 5-1-9　保护工作簿

167

图 5-1-10　保护结构和窗口

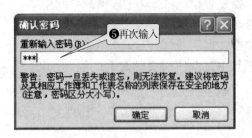

图 5-1-11　确认密码

图 5-1-12　共享工作簿

❹切换到【高级】选项卡，如图 5-1-14 所示。然后根据自己的需要进行设置，返回 Excel 2010，就可以看到上方的标题栏出现了一个"共享"的提示。

图 5-1-13　设置共享

图 5-1-14　设置高级共享

二、工作表的基本操作

1. 工作表基本知识

（1）单元格的命名规则。Excel 中无数横线与竖线交织形成的一个个小格子称为单元格，它们是 Excel 最基本的组成部分，每个单元格都有自己的标准名字，即用列号行号来表示唯一确定的一个单元格。

列号以字母命名，行号以数字命名，单元格以列号加行号命名，如图 5-1-15 所示，A 列和 1 行交汇的单元格为 A1 单元格，B 列和 2 行交汇的单元格为 B2 单元格，以此类推。被黑色框线包围的单元格是被选中的单元格，相对应的名字在名称框处被显示。

图 5-1-15　单元格命名

（2）选中单元格。

鼠标选中连续的单元格区域：只要在起始单元格上按住鼠标左键不放，拖曳鼠标，指针经过的矩形区域被选中。

快捷键连续选择：单击起始单元格，按住【Shift】键，再单击最后 1 个单元格，可连续选择。

快捷键不连续选择：选中第 1 个要选择的单元格，按下【Ctrl】键不放，再顺次选择其他单元格，可间断选择。

选中所有单元格：在工作表的上角的行标题和列标题的交叉处单击即可快速地选中工作表所有的单元格。

2. 合并拆分单元格

❶选中 A1 单元格并输入标题文字【新进员工信息登记表】。并同时选中 A1：H1 单元格，如图 5-1-16 所示。

❷在【开始】选项卡的【对齐方式】组中，单击【合并后居中】下拉三角按钮。

❸在打开的下拉列表中，单击【合并后居中】可以合并单元格同时设置为居中对齐；单击【跨越合并】可以对多行单元格进行同行合并；单击【合并单元格】仅仅合并单元格，对齐方式为默认；单击【取消单元格合并】可以取消当前已合并的单元格。

❹本案例单击【合并后居中】，完成单元格合并同时居中文字。操作完

图 5-1-16　合并并居中

成效果如图 5-1-17 所示。

3. 调整行高及列宽

（1）设置行高。

方法一：在行标识区处，将鼠标放置在标识第 1 行和第 2 行之间，待鼠标变为"＋"字形状时，单击鼠标左键轻轻拉动即可改变行高，并显示改变到的数据信息，效果如图 5-1-18 所示。

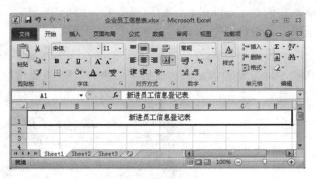

图 5-1-17 合并后效果

方法二：❶选中需要设置高度的行或所在单元格，如图 5-1-19 所示，在【开始】功能区的【单元格】组中单击【格式】按钮。

❷在打开的下拉列表中选择【行高】。

❸在弹出的【行高】对话框中输入【30】，单击【确定】完成行高设置。

方法三：在行标识区上右击鼠标，在弹出的【行高】对话框中输入【30】，单击【确定】，也可以完成行高设置，如图 5-1-20 所示。

图 5-1-18 调整行高方法一

行高设置后效果，如图5-1-21 所示。

（2）设置列宽。调整列宽时，将鼠标指针放置所要调整的列标识区，具体操作方法同行高设置。

［注］快捷方法：将鼠标指针移动到 A 列和 B 列之间的列标题分割线上，鼠标变为"＋"字形状后双击，即可快速使 A 列调整为最合适的列宽。

4. 制作基本信息

❶选中 A2 单元格，输入文字【基本信息】，如图 5-1-22 所示。

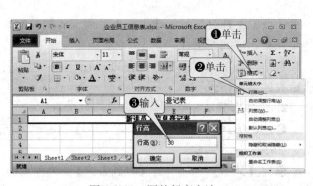

图 5-1-19 调整行高方法二

❷鼠标选中 A2：H2，在【开始】选项卡的【对齐方式】组中，单击【合并后居中】，完成单元格合并同时居中文字操作。

❸分别在 A、C、E 列各个单元格输入如图 5-1-23 所示的文字。

❹在行标识区处单击第 2 行，设置【行高】为【35】，单击【确定】，如图 5-1-24 所示。

❺选中第 3 至 7 行，设置行高为【25】，单击【确定】。

❻调整后效果，如图 5-1-25 所示。

❼选中 A1 单元格，在【开始】选项卡，【字体】选项组中的【字体】下拉列表中单击

图 5-1-20　调整行高方法三

图 5-1-21　调整行高效果图

图 5-1-22　设置对齐

需要的字体【黑体】，如图 5-1-26 所示。

❽选中 A1 单元格，在【开始】选项卡，【字体】选项组中的【字号】下拉列表中单击需要的字号【18】，如图 5-1-27 所示。

❾在【开始】选项卡中，【字体】选项组中单击【加粗】。

选中 A2 单元格，在【开始】选项卡中，【字体】选项组中的【字体】下拉列表中选中需要的字体【宋体】；【字号】下拉列表中选中需要的字号【12】，设置【加粗】。调整后效果，如图 5-1-28 所示。

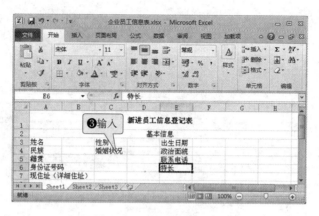

图 5-1-23　输入文字效果

图 5-1-24　设置行高

172

图 5 1 25　输入文字效果图

5. 设置单元格格式

❶选中 A3：A7 单元格，在【开始】选项卡中，单击【单元格】组中的【格式】，在下

图 5-1-26　更改字体

图 5-1-27　更改文字大小

拉列表中选中【设置单元格格式】，如图 5-1-29 所示。

❷或者在选定单元格中单击鼠标右键，在弹出的快捷菜单中选中【设置单元格格式】选项。

❸在弹出的【设置单元格格式】对话框中选择【对齐】选项卡，【文本对齐方式】下的【水平对齐】【垂直对齐】各选择【居中】，如图 5-1-30 所示。

图 5-1-28　文字效果

❹在【设置单元格格式】对话框中选择【字体】选项卡，【字体】列表中选择【宋体】，如图 5-2-31 所示。

图 5-1-29　设置单元格格式

❺【字形】列表中选择【常规】。

❻【字号】列表中选择【11】。

❼在【设置单元格格式】对话框中选择【填充】选项卡，【背景色】列表中选择【深色15％】，【示例】列表中预览已选择颜色的效果，如图 5-1-32 所示。调整后效果，如图 5-1-33 所示。

173

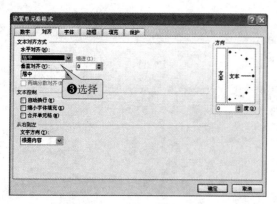

图 5-1-30　设置对齐方式

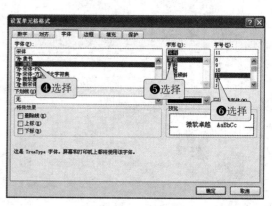

图 5-1-31　设置字体

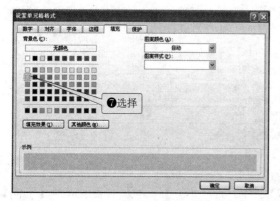

图 5-1-32　设置填充

图 5-1-33　设置效果

174

❽选中 A7 单元格，右击 A7 单元格，在弹出的快捷菜单中选择【设置单元格格式】，在弹出的对话框中选择【对齐】选项卡，在【文本控制】选项中选择【自动换行】，如图 5-1-34 所示；再在【字体】选项卡中改变字体的大小为【11】。

选中单元格 C3、C4，按住【Ctrl】键同时选中 E3：E6，重复上述操作，设置成如图 5-1-35 所示的效果。

图 5-1-34　设置自动换行

图 5-1-35　设置效果

选择 B5：D5 单元格，在【开始】功能区的【对齐方式】分组中，单击【合并后居中】。

［注］快捷方法：选择 B6：D6 单元格，按【F4】键即可重复上一步合并单元格的操作。

利用快捷键【F4】制作如图 5-1-36 所示的效果。

6. 设置边框

❶选中 A3：H7 单元格，在单元格上右击，在弹出的快捷菜单中选择【设置单元格格式】。在【设置单元格格式】对话框中单击【边框】选项卡，如图 5-1-37 所示。

❷【样式】列表中选择【粗线】。

❸单击【预置】中的【外边框】。

❹【样式】列表中选择【细线】。

❺单击【预置】中的【内部】。

边框设置效果如图 5-1-38 所示。

图 5-1-36　合并单元格效果

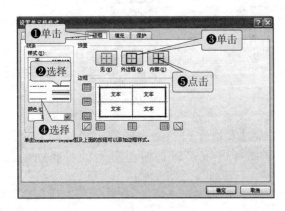

图 5-1-37　设置表格边框

图 5-1-38　设置边框效果

❻选中 H3 单元格，输入文字【照片（本人一寸彩色红底证件照片）】，设置单元格【自动换行】效果。选中文字【（本人一寸彩色红底证件照片）】，在【开始】选项卡中，【字体颜色】下拉列表中选择【红色】，如图 5-1-39 所示。调整后效果如图 5-1-40 所示。

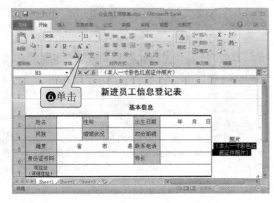

图 5-1-39　设置字体颜色

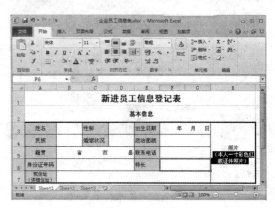

图 5-1-40　设置效果

7. 插入行或列

方法一：❶将鼠标指针移至行标识区处，右击，如图 5 1-41 所示。

❷在弹出的快捷菜单中单击【插入】，在第 2 行上方插入 1 行。

方法二：❶在【开始】选项卡中，单击【单元格】组中的【插入】，如图 5-1-42 所示。

❷在下拉菜单选择【插入工作表行】，也可在上方插入行。

❸在 A2 单元格中输入文字【序号】，选中 F2：H2 合并单元格，然后输入文字【填表日期：　　年　　月　　日】，再设置第 2 行【行高】为【35】，效果如图 5-1-43 所示。

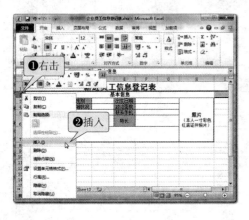

图 5-1-41　插入行方法一

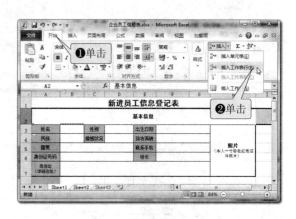

图 5-1-42　插入行方法二

8. 行列冻结　如果表格较大，当移动光标时表格左边、上边的数据将会隐藏。但有时为了需要，我们希望特定的行或列能始终显示，就可以把希望显示的行或列进行冻结。

（1）行冻结。

❶选中第 2 行，如图 5-1-44 所示。

❷在【视图】中的【窗口】列表中选择【冻结窗口】。

❸单击【冻结首行】。

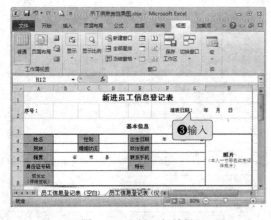

图 5-1-43　插入行效果

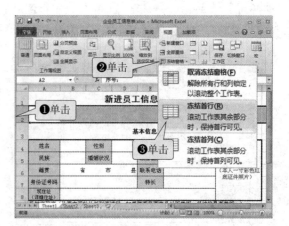

图 5-1-44　冻结行

操作完成后我们可以看到【A1】这一行的下面多了一条横线，就是被冻结的状态。拉动垂直滚动条第 2 至 5 行都被隐藏，但第 1 行始终显示，如图 5-1-45 所示。

（2）列冻结。冻结列的操作方法与冻结行的方法相同。

图 5-1-45　冻结行效果

（3）表格其他设置。选中单元格 A9：H9 合并居中，添加文字【受教育程度（从高中开始从低到高填写。如果仅具备高中及以下学历，只填写最高学历。）】，如图 5-1-47 所示。设置行高为【35】。

将光标定位在【受教育程度】后面，按【Alt＋Enter】组合键即可快速换行。文字【受教育程度】【加粗】，将文字【高中】和【高中及以下】颜色变成【红色】【加粗】。

单元格 A10：H10 分别输入文字【起止时间】【学校（全称）】【专业】【学历】【任职】，底纹添加灰色显示。

A10：H13 添加表格外边框【粗线】，内部【细线】的边框效果。

调整第 10 至 13 行【行高】为【25】，合并相关单元格。

分别设置第 14、19 行行高为【35】，选中 A14：H14 和 A19：H19 合并居中并添加文字【工作经历】【家庭成员】。

选中 15～18 行，按住【Ctrl】键选中 20 至 23 行设置行高为【25】，在第 15、20 行输入文字及添加背景色，设置整个表格边框，最终效果如图 5-1-47 所示。

图 5-1-46　受教育程度效果

图 5-1-47　最终效果

9. 重命名工作表

❶右击如图 5-1-48 所示的工作表名【Sheet1】。

❷在弹出的快捷菜单中单击【重命名】，这时工作表【Sheet1】的名称可以进行编辑。

❸重新命名，输入文字【企业员工信息表】，如图 5-1-49 所示。

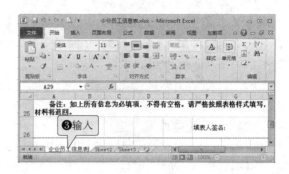

图 5-1-48　重命名工作表　　　　　　　　　　　　图 5-1-49　命名后工作表

[注] 快捷方法：直接双击工作表的名称【Sheet1】，同样可以得到上述结果。

●●●● 活学活用 ●●●●

🔍 制作新能公司职工信息表

制作效果　【第五单元 \ 结果 \ 新能公司职工信息表.xlsx】

活动要求　根据素材【第五单元 \ 素材 \ 新能公司职工信息表.PDF】文件，制作
　　　　　Excel 工作表。比一比，看谁在最短的时间内做的又快又准。

1.在 Excel 2010 中创建空白工作簿。

2.将新创建工作簿中的第 1 个工作表，命名为【新能公司职工信息表】。

3.在 A1 单元格，输入【新能公司职工信息表】。

4.在 A2 单元格输入【职工编号】，在 B2 单元格输入【姓名】，在 C2 单
　元格输入【性别】，在 D2 单元格输入【部门】，在 E2 单元格输入【职
　务】，在 F2 单元格输入【身份证号】，在 G2 单元格输入【学历】，在
　H2 单元格输入【入职时间】，在 I2 单元格输入【基本工资】。

5.创建好表格后，根据素材填写职工相关信息。

6.保存文件名为【新能公司职工信息表】。

✍ 案例二　制作企业员工工资统计表

　　　　公司刚刚新进来一部分员工，分配在销售部和人力资源部，财务部要根据
个人的学历和工作经验来确定员工的基本工资，王冉当前的任务是，制作 1 张
企业员工工资表，用于核发员工每月的工资，并能及时了解各部门新员工的工作
排序，有了前面的制表经验，王冉不慌不忙地打开计算机，启动 Excel 2010。

案例素材: 第五单元 \ 素材 \ 企业员工工资表 . PDF

案例效果: 第五单元 \ 结果 \ 企业员工工资表 . xlsx

一、数据的输入

1. 输入文本型数据 启动 Excel 2010 后，创建 1 个新工作簿，保存为【企业员工工资统计表 . xlsx】，依次输入表格内容，如图 5-2-1 所示，表格内容见【第五单元 \ 素材 \ 企业员工工资表 . PDF】。

2. 输入数字型数据

❶选择表格中 D、E、F、G 列，如图 5-2-2 所示。

❷单击【单元格】组里的【格式】按钮的下拉式按钮。

❸单击下拉式列表的【设置单元格格式】。

❹选择【数字】选项卡，并单击【分类】里的【货币】选项，如图 5-2-3 所示。

图 5-2-1 输入表格内容

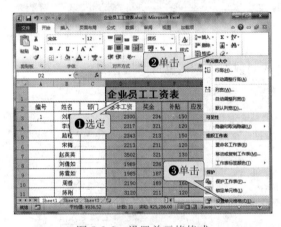

图 5-2-2 设置单元格格式

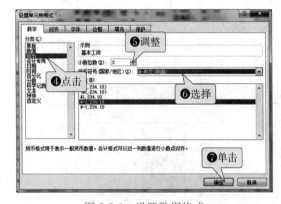

图 5-2-3 设置数据格式

❺将【小数位数】按上下按钮调整为【2】。

❻在【货币符号（国家/地区）】中选择【¥ 中文（中国）】。

❼单击【确定】，效果如图 5-2-4 所示。

在图 5-2-4 的 A3 单元格中输入【01】，此时还是显示【1】，右击此单元格，在弹出的快捷菜单中选择【设置单元格格式】里的【数字】选项卡里的【文本】，再输入【01】，则会显示【01】。

3. 输入日期型数据 依照输入数字型数据的步骤，右击 H 列，调出【设置单元格格式】，在【数字】选项卡的分类里选择【日期】，在【类型】里选择【2001 年 3 月 14 日】，单击【确定】完成，在 H3 单元格中输入【2014-04-12】，则显示如图 5-2-5 所示。

数字分类里还有常规、百分比、会计专用、科学计数、特殊、自定义等类别，使用方法与日期型、数值型相似。

179

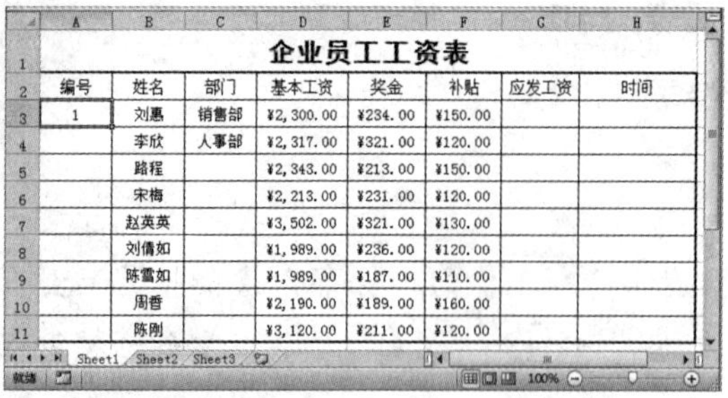

图 5-2-4 货币型数字

图 5-2-5 日期型数据

二、数据的快速填充

在制作表格的时候，有些数据是相同的，或者不同记录之间有些数据存在规律性变化，这样可以利用规律性变化进行快速填充，不必一个个地输入数据。

1. 使用填充柄填充表格数据

❶选中 C3：C4 单元格，将光标定位到 C4 单元格的右下角，此时可以看到光标变成"＋"形状，如图 5-2-6 所示。

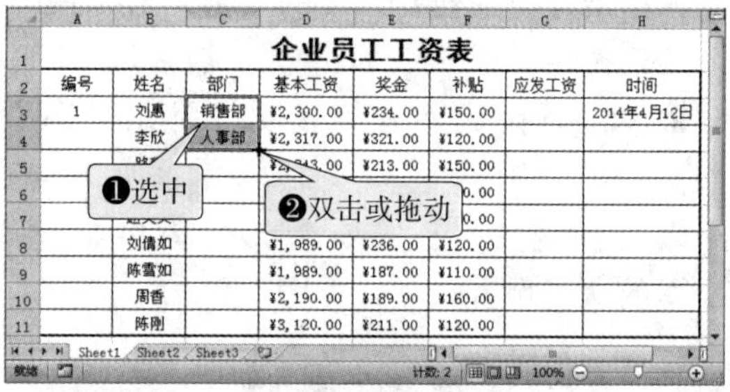

图 5-2-6 填充数据

❷双击鼠标可以进行填充操作，效果如图 5-2-7 所示，该功能用于填充相同数据或者数列数据信息；也可以按住鼠标左键拖动来进行部分填充，效果如图 5-2-8 所示。

180

图 5-2-7 双击填充

图 5-2-8 拖动填充

2. 使用填充命令填充表格数据

❶选中 H3：H11 单元格，如图 5-2-9 所示。

❷在【开始】选项卡中，单击【编辑】组中的【填充】按钮。

❸在弹出的下拉列表中选择【向下】，即向下填充【2014 年 4 月 12 日】，效果如图 5-2-

10 所示。

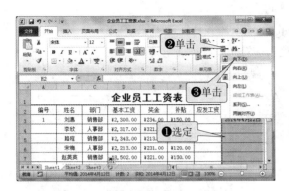

图 5-2-9 填充命令填充 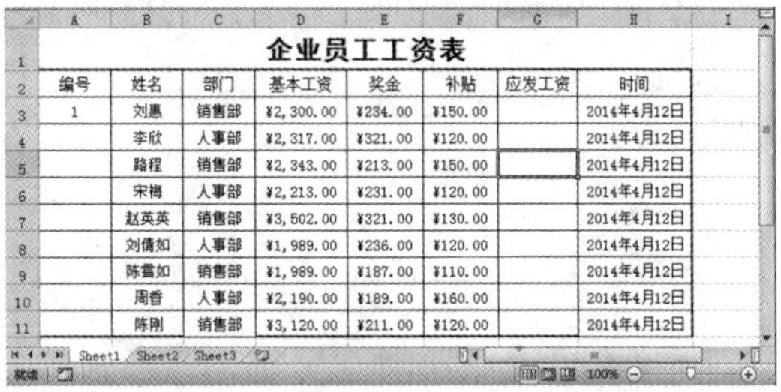   图 5-2-10 填充命令填充效果

3. 使用数值序列填充表格数据

方法一：❶在 A4 单元格内输入【2】，选中 A3：A4 单元格，将光标定位到 A4 单元格的右下角，此时可以看到光标变成"＋"形状，如图 5-2-11 所示。

❷双击鼠标可进行填充操作，效果如图 5-2-12 所示，该功能用于填充等差数列的数据。也可以按住鼠标左键拖动来进行填充。

图 5-2-11 数值系列填充    图 5-2-12 数值系列填充效果

如果数字是文本型，则可直接序列填充；如果数字是常规型，需要填写相邻的两个数据，系统会自动计算差值进行填充，否则会填充一样的数据。如在 A3 中输入【1】，在 A4 中输入【3】，选定 A3：A4，同样进行双击或拖动，向下会产生【5、7、9……】。

方法二：❶选中 A3 单元格，确定数据数字类别为【常规】，如图 5-2-13 所示。

❷单击【开始】选项卡的【单元格】组里的【填充】按钮的下拉按钮。

❸单击【系列】选项。

❹单击【序列产生在】中的【列】，如图 5-2-14 所示。

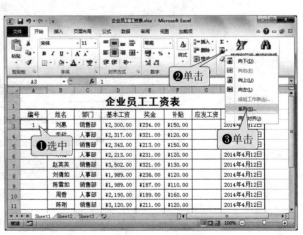

图 5-2-13 打开系列填充

181

❺单击【类型】为【等差序列】。

❻输入【步长值】为【1】、【终止值】为【9】。

❼单击【确定】，填充效果如图 5-2-15 所示。

[注] 可设定不同【类型】和不同【步长值】，得到不同的填充效果。

图 5-2-14　设置数值系列填充

图 5-2-15　数值系列填充效果

三、数据自动计算

❶选中 G3 单元格，如图 5-2-16 所示。

❷单击【公式】选项卡中【函数库】组里的【自动求和】，选择【求和】。

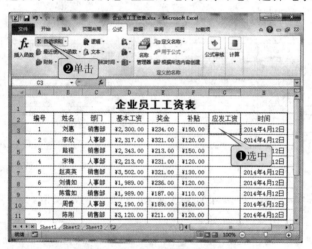

图 5-2-16　自动求和

❸G3 单元格将显示求和函数，直接按【Enter】键就可完成自动求和，如图 5-2-17 所示。

图 5-2-17　自动求和公式

❹按【Enter】后，求和结果如图 5-2-18 所示。

❺和序列填充一样选中 G3 单元格，将光标定位到单元格的右下角，当光标变成"＋"形状时，双击鼠标或者向下拖动就可以完成自动求和公式的复制。此时，所有员工的应发工资自动计算，结果如图 5-2-19 所示。

图 5-2-18　自动求和　　　　　　　　图 5-2-19　自动求和结果

四、数据排序

1. 简单排序

❶选择工作表中除标题以外的所有单元格数据，如图 5-2-20 所示。

❷选择【数据】选项卡中的【排序与筛选】组里的【排序】，单击【排序和筛选】中的【排序】选项。

❸在弹出的【排序】对话框里【主要关键字】选项的下拉式列表中选择【基本工资】，如图 5-2-21 所示。

❹同样选定【排序依据】为【数值】。

❺选定【次序】为【升序】。

❻单击【确定】完成简单排序。

排序后的效果如图 5-2-22 所示。选择的主要关键字不同，排序的结果也有所不同。

2. 复杂排序

❶与简单排序一样，先选中工作表中除标题以外的所有单元格数据，单击【数据】选项卡，选择【排序和筛选】组中的【排序】，弹出如图 5-2-23 所示【排序】对话框，显示【主要关键字】按照【部门】对数据进行【升序】排序。

❷单击【添加条件】，弹出【次要关键字】，如图 5-2-24 所示。

❸选择【应发工资】进行【降序】排序，单击【确定】。

如果有必要，还可以再添加【次要关键字】，也可以利用【删除条件】将已定义的关键字进行删除。

可以看到图 5-2-25 中优先以"部门"

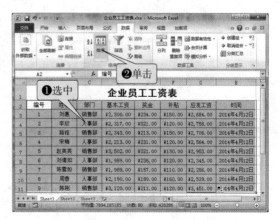

图 5-2-20　简单排序

183

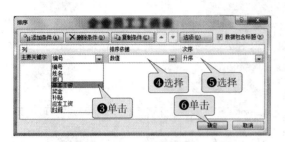

图 5-2-21　简单排序

图 5-2-22　简单排序效果

图 5-2-23　选择主要关键字

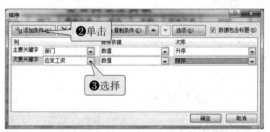

图 5-2-24　选择次要关键字

进行了升序排列，相同"部门"的员工又以"应发工资"进行了降序排列。

3. 自定义排序

❶选择工作表中除标题以外的所有单元格数据，打开【数据】选项卡，单击【排序和筛选】组中的【排序】选项。在弹出的【排序】对话框中选择【次要关键字】单击【删除条件】，如图 5-2-26 所示。

图 5-2-25　复杂排序的效果

❷如图 5-2-27 所示，此时【排序】窗口只有【主要关键字】，单击【次序】的下拉列表，单击【自定义序列】。

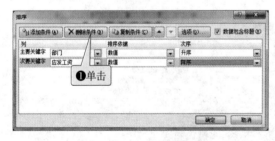

图 5-2-26　删除条件

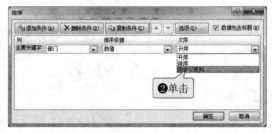

图 5-2-27　打开自定义窗口

❸弹出【自定义序列】对话框，在【自定义序列】选项卡中的【输入序列】文本框中输入【销售部】【人事部】，可以用逗号隔开，如图 5-2-28 所示。

❹单击【添加】按钮，此时自定义序列就会添加在列表框中了。

184

❺自定义条件的次序已添加成功。

❻单击【确定】按钮，返回【排序】对话框中，如图 5-2-29 所示，选择【次序】下拉表的【销售部，人事部】选项。

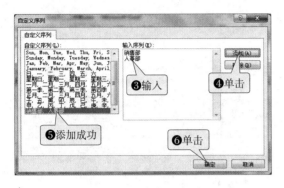 

图 5-2-28　自定义序列　　　　　　　　　　图 5-2-29　自定义排序

❼单击【确定】按钮，返回工作表，排序效果如图 5-2-30 所示。

编号	姓名	部门	基本工资	奖金	补贴	应发工资	时间
1	刘惠	销售部	¥2,300.00	¥234.00	¥150.00	¥2,684.00	2014年4月12日
3	踏程	销售部	¥2,343.00	¥213.00	¥150.00	¥2,706.00	2014年4月12日
5	赵英英	销售部	¥3,502.00	¥321.00	¥130.00	¥3,953.00	2014年4月12日
7	陈雪如	销售部	¥1,989.00	¥187.00	¥110.00	¥2,286.00	2014年4月12日
9	陈刚	销售部	¥3,120.00	¥211.00	¥120.00	¥3,451.00	2014年4月12日
2	李欣	人事部	¥2,317.00	¥321.00	¥120.00	¥2,758.00	2014年4月12日
4	宋梅	人事部	¥2,213.00	¥231.00	¥120.00	¥2,564.00	2014年4月12日
6	刘倩如	人事部	¥1,989.00	¥236.00	¥120.00	¥2,345.00	2014年4月12日
8	周香	人事部	¥2,190.00	¥189.00	¥160.00	¥2,539.00	2014年4月12日

图 5-2-30　自定义排序效果

五、数据筛选

1. 自动筛选

❶单击【数据】选项卡里的【排序和筛选】组中【筛选】，如图 5-2-31 所示。

❷单击表格 C2 单元格【部门】右边的下拉箭头，弹出【筛选】窗口。

❸在新弹出的窗口选择【升序】。

❹【文本筛选】里选择【人事部】。

❺单击【确定】，完成数据自动筛选，效果如图 5-2-32 所示。

2. 按颜色筛选　如果表格里不同的数据应用了不同的颜色，也可以利用颜色进行筛选。先将表格里【人事部】设置为红色字体，【销售部】设置为蓝色字体，效果如图 5-2-33 所示。

❶单击【数据】选项卡里的【排序和筛选】组里的【筛选】，如图 5-2-33 所示。

❷单击表格 C2 单元格【部门】右边的下拉箭头，弹出【筛选】窗口。

❸单击【按颜色筛选】。

185

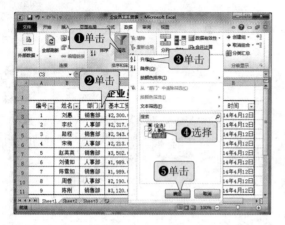

图 5-2-31　自动筛选

图 5-2-32　自动筛选效果

❹在弹出的【按字体颜色筛选】中选择【红色】。

❺单击【确定】，同样颜色的内容排列到一起，效果如图 5-2-34 所示。

186

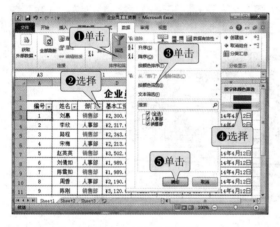

图 5-2-33　按颜色筛选

图 5-2-34　按颜色筛选结果

3. 高级筛选　高级筛选一般用于多个筛选条件进行的操作，现在把销售部应发工资低于 2500 元的员工筛选出来。

❶在 J2 单元格输入【部门】，J3 单元格输入【销售部】；K2 单元格输入【应发工资】，K3 单元格输入【＜2500】，如图 5-2-35 所示。

❷单击【数据】选项卡中【排序和筛选】组里的【高级】。

❸在【高级筛选】窗口的【方式】里单击【在原有区域显示筛选结果】。

❹在【列表区域】选择数据区域【＄A＄2：＄H＄11】。

❺在【条件区域】选择数据区域【＄J＄2：＄K＄3】。

❻单击【确定】，完成高级筛选，效果如图 5-2-36 所示。

［注］【＄A＄2：＄H＄11】是指 A2：H11 的绝对范围，＄为绝对符号。

同样，如果筛选结果不想在原数据区域显示，则需在步骤❸【高级筛选】窗口的【方式】里选择【将筛选结果复制到其他位置】，步骤❹【列表区域】选择数据区域【＄A＄2：

【H11】，步骤❺【条件区域】选择数据区域【J2：K3】，【复制到】选择筛选结果的显示区域，单击【确定】，即可将筛选结果复制到指定的位置。

4. 取消筛选　单击【数据】选项卡里的【排序和筛选】选项组里的【筛选】，即可取消筛选。

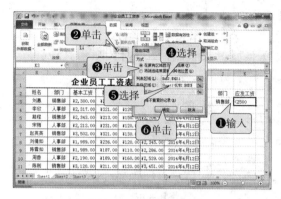

图 5-2-35　高级筛选

图 5-2-36　高级筛选效果

六、分类汇总

要了解各部门的平均工资，可以利用分类汇总来完成。

❶将表格以【部门】为关键字进行排序，如图 5-2-37 所示。

❷单击【数据】选项卡里的【分级显示】选项组里的【分类汇总】。

❸选择【分类字段】为【部门】。

❹选择【汇总方式】为【平均值】。

❺在【选定汇总项】里选定【基本工资】【奖金】【补贴】【应发工资】。

❻单击【确定】，效果如图 5-2-38 所示。

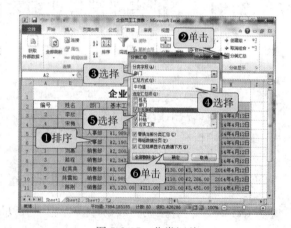

图 5-2-37　分类汇总

187

图 5-2-38　分类汇总效果

活学活用

编排新能公司销售信息表

制作效果　【第五单元 \ 结果 \ 新能公司销售信息表.xlsx】

活动要求　打开素材文件【第五单元 \ 素材 \ 新能公司销售信息表.xlsx】。

1. 合并居中第 1 行 A1：E1，标题字体【微软雅黑，16 磅】，颜色自动，行高【32】。设置其余单元格行高为【15】。

2. 设置列宽【10】。

3. 插入 1 张工作表，将【销售表】的内容全部复制到已经有的 2 张工作表和新建的工作内。分别重命名 3 张表的名称为"筛选、排序和汇总"。

4. 对【第三季度】数据进行筛选，条件是大于或等于 150 的城市。

5. 对【第一季度】各公司销量进行降序排序。

6. 按【代理级别】升序排序，然后以汇总字段是【理级别】，汇总方式【求平均值】，对 4 个季度进行分类汇总。

案例三　销售部销售业绩表

最近公司实行改革，工资与员工的业绩挂钩，销售部的主要业绩就是产品销售情况，销售部门需要根据员工销售业绩计算月销售总量、月平均销售量、最佳月销售额，最差月销售额和销售差额，如何能快捷地得到答案呢？

案例效果： 第五单元 \ 结果 \ 销售部销售业绩表 . xlsx

Excel 2010 具有强大的数据计算功能，可以用函数和公式对数据进行快速的计算。

一、函数计算

1. 制作表格　在相应单元格中输入如图 5-3-1 所示的内容并设置单元格格式。

2. 使用函数计算　Excel 中的函数是事先定义好的，是专门处理复杂计算的小程序。

（1）计算各个月份的"月销售总量"。

❶选中 C10 单元格，如图 5-3-2

图 5-3-1　输入表格内容

所示。

❷单击【公式】选项卡。

❸在【函数库】组中单击【自动求和】。

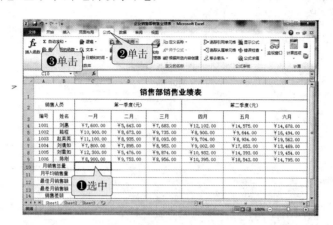

图 5-3-2　用函数计算

❹单击【自动求和】后，在编辑栏处出现自动求和的函数【＝SUM（C4：C9）】，如图 5-3-3 所示。

❺此时 C4：C9 被选中，即表示求和的范围。选择求和的范围也可以用鼠标拖动选择单元格的方式。

❻按下键盘上的【Enter】键即可显示计算结果。再选中 C10 单元格，将鼠标放置在单元格右下角处，变成实心"＋"字形状的时候拖动鼠标至 H10，此时 6 个月的【月销售总量】都自动计算完成，如图 5-3-4 所示。

图 5-3-3　函数的使用

189

图 5-3-4　函数计算结果

此时，在编辑栏处显示【＝SUM（C4：C9）】，其中"＝"相当于建立方程式，"SUM"是函数名称，表示求和，"（C4：C9）"为表达式。这是函数的一般形式。

（2）计算各个月份的"月平均销售量"。

❶选中 C11 单元格，如图 5-3-5 所示。

❷在【公式】组中单击【自动求和】右边的下拉列表，在弹出的菜单中选择【平均值】。

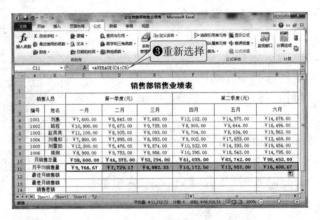

图 5-3-5　求平均销售值

❸按下键盘上的【Enter】键即可显示计算结果，编辑栏中显示【＝AVERAGE（C4：C10）】，很明显自动求平均公式将【月销售总量】行也纳入了平均计算，所以这里需要重新选择范围，将求平均的范围更改为【C4：C9】，此时在编辑栏显示【＝AVERAGE（C4：C9）】，按下键盘上的【Enter】键即可显示计算结果。后重复操作【使用函数计算】步骤❻，完成平均值计算，如图 5-3-6 所示。

（3）计算各个月份的【最佳月销售额】和【最差月销售额】。用上述方法求【最佳月销售额】和【最差月销售额】，函数即最大值、最小值，结果如图 5-3-7 所示。

二、公式计算

计算各个月份的【销售差额】，【销售差额】在表格中的计

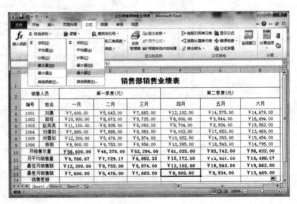

图 5-3-6　求平均数

图 5-3-7　求最大值、最小值

190

算方法稍显复杂。这需要我们进一步了解公式的算法。

❶选中 C14 单元格，如图 5-3-8 所示。

❷在编辑栏中输入【＝C12－C13】（C12、C13 也可以直接使用鼠标单击相应单元格）。

❸按【Enter】键，快速完成全部计算，重复【使用函数计算】步骤❻，最终效果如图 5-3-9 所示。

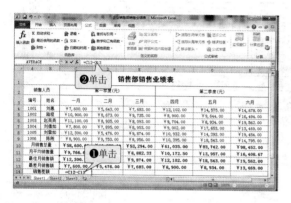

图 5-3-8　公式计算　　　　　　　　　　　　图 5-3-9　最终效果

活学活用

🔍 **统计公司产品销售情况表**

制作效果　【第五单元＼结果＼新能公司产品各地销售情况统计表.xlsx】

活动要求　打开素材文件【第五单元＼素材＼新能公司产品各地销售情况统计表.xlsx】。

　　　　　1.计算每个城市的合计销售量。

　　　　　2.计算每个城市的平均销售量。

　　　　　3.计算每个季度的总销售量。

✍ 案例四　分析企业产品销售表

　　　　赵耀觉得做好的企业产品销售表不够美观，也不能直观地表达出哪个部门做的业绩更好。为了使表格中的数据可以更加可视化、形象化，方便观察数据的宏观走势和规律，他选择 Excel 2010 制作企业产品销售图表。

◎ **案例效果：** 第五单元＼结果＼企业产品销售.xlsx

一、条件格式

制作企业产品销售表，如图 5-4-1 所示。

1. 将单品销售达"10000"以上的突出显示

❶选中 B3：E6 单元格区域，如图 5-4-2 所示。

❷在【开始】选项卡中单击【样式】组的下拉列表，显示出所有的样式选项。

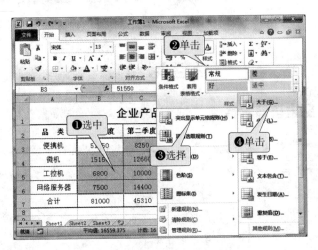

图 5-4-1　制作企业产品销售表

❸单击【条件格式】选项的下拉列表，选择【突出显示单元格规则】。

❹选择【大于】。

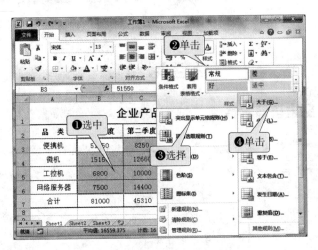

图 5-4-2　突出显示单元格

❺在弹出的【大于】对话框里输入【10000】，如图 5-4-3 所示。

❻在【设置为】的下拉列表中选择【浅红填充色深红文本】，也可利用【自定义格式】进行自助定义，单击【确定】，效果显示如图 5-4-4 所示。

图 5-4-3　定义显示条件

192

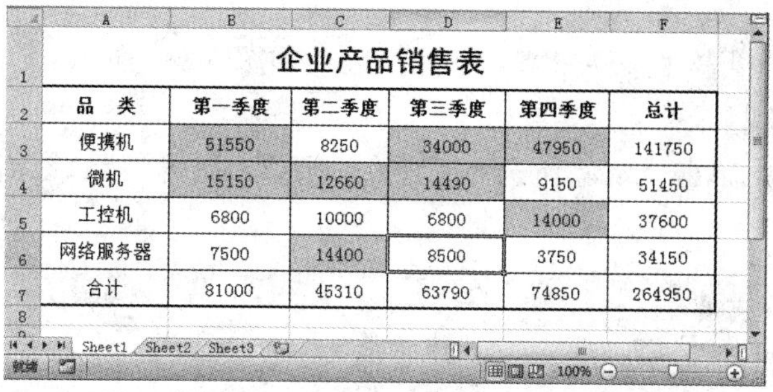

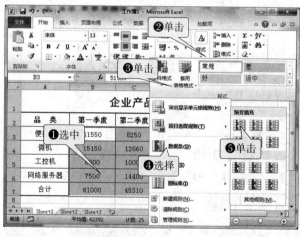

图 5-4-4　突出显示效果

2. 利用数据条形象的显示产品销售量

❶选中 B3：F7，如图 5-4-5 所示。

❷在【开始】选项卡中单击【样式】组的【单元格样式】，显示出所有的样式选项。

❸单击【条件格式】选项的下拉箭头。

❹在下拉列表中选择【数据条】。

❺在弹出的【渐变填充】对话框里单击【蓝色数据条】。

完成操作，效果如图 5-4-6 所示。

图 5-4-5　数据条显示

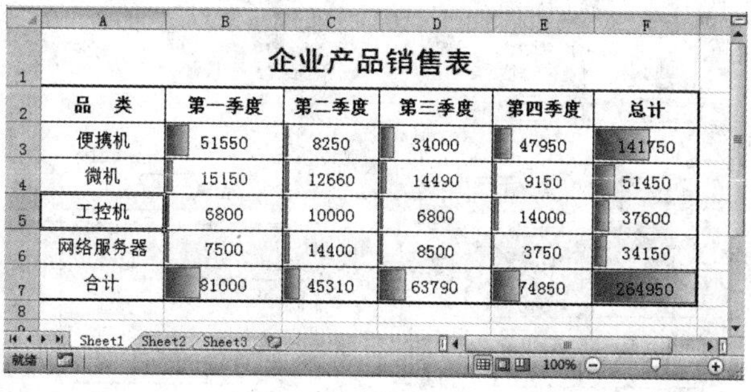

图 5-4-6　数据条显示效果

[注]【条件格式】里还包含【项目选择规则】【色阶】【图标集】，操作方法相似。

3. 清除条件格式

❶选中 B3：F7，单击【条件格式】下拉列表，如图 5-4-7 所示。

❷单击【清除规则】。

❸在弹出的选项中单击【清除所选单元格的规则】，即可清除单元格。表格将显示如图 5-4-1 所示。

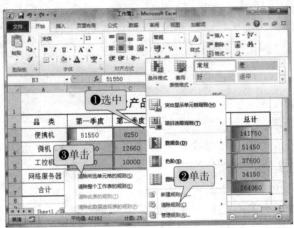

图 5-4-7　清除条件格式

二、图表

为了使表格中的数据更加可视化、形象化，方便用户观察数据的宏观走势和规律，可以将表格中的数据以图形的形式表示出来。

1. 创建图表

❶选中 B3：E6 单元格数据区域，如图 5-4-8 所示。

❷单击【插入】选项卡【图表】组。

❸在弹出的【图表】中选择【柱形图】。

❹在弹出的柱形图选项中选择【二维柱形图】中的【簇状柱形图】，创建图表效果如图 5-4-9 所示。

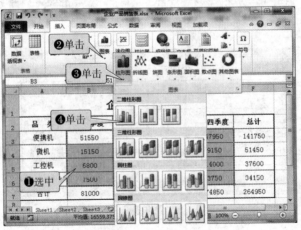

图 5-4-8　插入图表

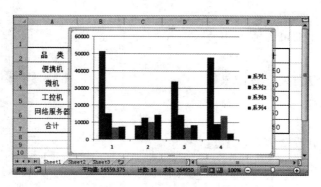

图 5-4-9　创建图表效果

[注] 可以根据需要选择不同的数据、不同的图表类型创建新的图表，如果不选定单元格数据区，则默认为全部数据。

2. 数据表数据的更新

❶把 B3 单元格的数据更改为【8900】，按【Enter】键，如图 5-4-10 所示。

❷刚创建的图表将自动更新数据。

[注] 图表的组成如图 5-4-11 所示。

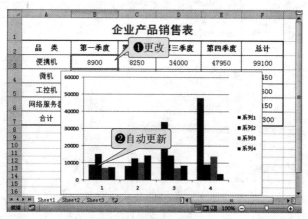

图 5-4-10　图表自动更新

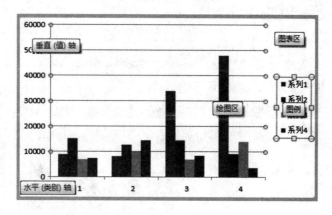

图 5-4-11　图表组成

195

3. 更改图表　如需更改图表，可以直接重复上述操作即可，或者用快捷菜单完成。

❶在图表区的空白处，右击鼠标弹出快捷菜单，单击【更改图表类型】，如图 5-4-12 所示。

❷在弹出的【更改图表类型】进行更改操作。

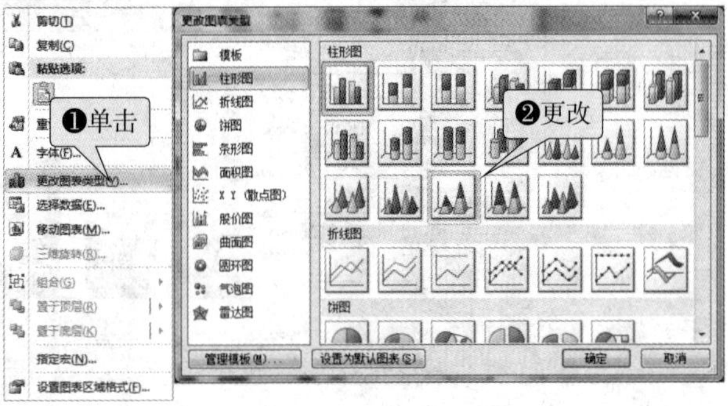

4. 美化图表

❶在图表区的空白处，右击鼠标弹出快捷菜单，单击【设置图表区域格式】，如图 5-4-13 所示。

❷在弹出的【设置图表区格式】的对话框中单击【填充】→【渐变填充】。

❸对各项参数根据需要进行选择和设置。

❹单击【关闭】，完成设置。

单击绘图区打开【设置图表区格式】的其他选项进行设定，效果如图 5-4-14 所示。

图 5-4-12　更改图表类型

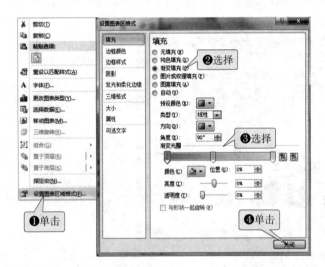

图 5-4-13　更改图表区格式

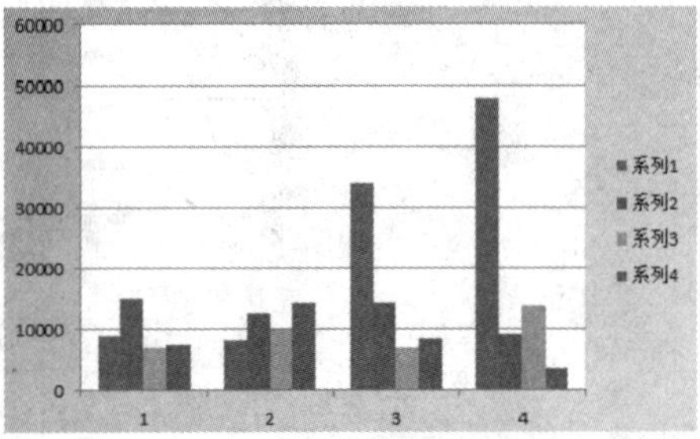

不关闭【设置图表区格式】窗口，直接单击绘图区，进入【设置绘图区格式】进行设置，也可重复上面的步骤打开【设置绘图区格式】，同样可以对坐标轴、图例、系列进行美化设置，效果如图 5-4-15 所示。

图表区、绘图区、坐标轴、图例的设置选项有所不同，如图 5-4-16 所示。

图 5-4-14　美化效果一

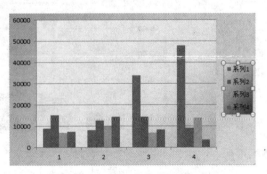

图 5-4-15　美化效果二

196

图 5-4-16 各区域设置选项

●●● **活学活用** ●●●

 制作公司产品销售情况图表

制作效果 【第五单元\结果\新能公司产品销售情况图表.xlsx】

活动要求 打开素材文件【第五单元\素材\新能公司产品销售情况图表.xlsx】。

　　　　1.按【代理级别】分类汇总。

　　　　2.制作【新能公司产品销售情况图】，分离型饼图。

 案例五　打印企业产品销售报表

　　赵耀把产品销售图表做好之后，要把表格做成报表打印出来送到公司各个部门，让相关部门了解本月产品的销售情况。小兰让他把表格的整体页面和效果好好美化一下再打印。赵耀又开始兴致勃勃地在 Excel 2010 忙碌。他能把表格做得更美观吗？

● **案例素材：** 第五单元\素材\企业产品销售表.xlsx

● **案例效果：** 第五单元\结果\企业产品销售表.xlsx

一、页面设置

1.设置纸张方向和大小

方法一：❶打开【企业产品销售表.xlsx】，单击【页面布局】选项卡，如图 5-5-1

所示。

❷单击【页面设置】组里的【纸张方向】。

❸选择纸张方向，单击【纵向】。

❹再单击【页面设置】组里的【纸张大小】。

❺选择纸张大小，单击【A4】。

方法二：纸张大小也可在【页面设置】对话框中进行操作：

❶单击【页面设置】选项组右下角的箭头，如图 5-5-2 所示。

❷在弹出的【页面设置】对话框的【页面】选项卡里选择【方向】为【纵向】。

❸根据纸张大小及表格大小的需要对表格进行【缩放比例】的调整。

❹在【纸张大小】里选择【A4】。

❺单击【确定】完成纸张方向和大小的设置。

方法三：纸张大小也可通过【其他纸张大小】自己定义，只要指定其长和宽即可。

2. 设置页边距

（1）自动设置页边距。

❶单击【页面布局】选项卡里【页面设置】组里的【页边距】，如图 5-5-3 所示。

❷在弹出的【普通】【宽】【窄】选项里单击选择【窄】，页边距将自动设置为窄。

（2）手动设置页边距。

❸单击图 5-5-3 所示的【自定义边距】。

❹或者单击【页面设置】组右下角的箭头，均会弹出【页面设置】窗口，如图 5-5-4 所示。

❺单击【页边距】选项卡。

❻设置【左】【右】【上】【下】等边距。

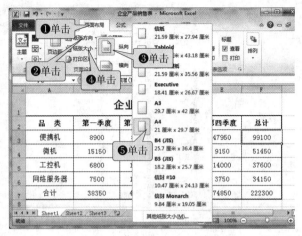

图 5-5-1　设置纸张方向和大小方法一

图 5-5-2　设置纸张方向和大小方法二

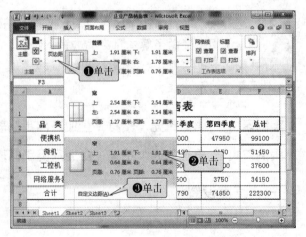

图 5-5-3　自动设置页边距

198

❼在【居中方式】中选择居中方式。

❽单击【确定】，完成手动页边距的设置。

3. 设置页眉/页脚

❶单击【页面设置】组右下角的箭头，在弹出的【页面设置】对话框中单击【页眉/页脚】选项卡，如图 5-5-5 所示。

❷设置【页眉】，可在下拉列表中进行选择，也可自定义进行设置。

❸设置【页脚】，可在下拉列表中进行选择，也可自定义进行设置。

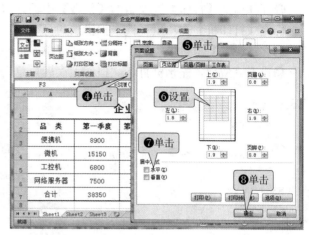

图 5-5-4　手动设置页边距

❹设置特殊选项，如【随文档自动缩放】【与页边距对齐】。

❺单击【确定】，完成页眉/页脚的设置。

图 5-5-5　设置页眉/页脚

4. 每页自动打印标题　在表格较长，需多页纸打印并添加表头的时候，从第二页起，可自动添加表头标题。

❶在【页面设置】对话框中单击【工作表】选项卡，如图 5-5-6 所示。

❷在【打印标题】里选择【顶端标题行】区域【$2：$2】，即第二行。

❸单击【确定】，定义标题行重复打印。

二、打印输出

将设置好的【企业产品销售表.xlsx】打印输出。

❶单击【文件】→【打印】，如图 5-5-7 所示。

199

❷在弹出的【打印】选项组的【份数】中输入需要打印的份数。

❸在【打印机】选项组里选择拟输出的打印机。

❹在【设置】组里设置打印规则，如【单面打印】【打印活动工作表】。

❺设置完成后，先预览打印文档，无误后再单击【打印】选项组里的【打印】。

图 5-5-6 设置打印标题

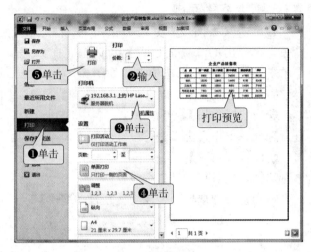

图 5-5-7 打印输出

活学活用

🔍 打印公司销售情况统计图表

制作效果 【第五单元 \ 结果 \ 打印预览新能公司产品各地销售情况统计表.xlsx】

活动要求 打开素材【第五单元 \ 素材 \ 打印新能公司销售情况统计图表.xlsx】。

1.用 A4 纸张进行打印。

2.设置页眉为【新能公司销售统计表】。

3.设置页脚为【第一页】。

4.设置打印标题行为【$1：$1】。

5.设置标题行重复打印。

6.打印或打印预览设置结果。

第六单元 使用 PowerPoint 2010 制作演示文稿

PowerPoint 2010 作为制作文档的软件，提供了诸多迅速建立演示文稿的功能，如幻灯片版式的应用，幻灯片的创建、插入、删除，幻灯片信息的编辑及放映方式等，使用 PowerPoint 2010 可以将文本、图片、声音和动画制作成幻灯片播放出来与观众共享，PowerPoint 2010 还提供了动态性和交互性的演示文稿放映方式，可以充分展现出演示文稿的内容。

本单元主要介绍 PowerPoint 2010 的基础知识，并学习制作简单幻灯片的方法。

PowerPoint 2010 预备知识

案例一　创建企业简介演示文稿

案例二　丰富企业简介演示文稿的内容

案例三　美化人才招聘演示文稿

案例四　播放企业年会演示文稿

PowerPoint 2010 预备知识

要使用 PowerPoint 2010 制作演示文稿，首先要认识 PowerPoint 2010 的工作界面和视图模式。

一、PowerPoint 2010 的工作界面

PowerPoint 2010 是制作演示文稿的一种软件，演示文稿由若干个幻灯片组成，并且序号从小到大排列。

PowerPoint 2010 工作界面如图 6-0-1 所示，由快速访问工具栏、标题栏、选项卡、功能区、幻灯片窗格、幻灯片/大纲窗格、备注窗格、状态栏、视图按钮、显示比例按钮等部分组成，与 Word 和 Excel 的基本相同。下面重点介绍 PowerPoint 2010 工作界面中特有的部分。

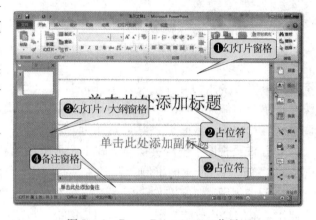

图 6-0-1　PowerPoint 2010 工作界面

❶幻灯片窗格：是制作演示文稿的主要工作区，用于显示和编辑幻灯片。

❷占位符：虚线标识【占位符】，我们可以在其中键入文本或插入图片、图表和其他对象。

❸【幻灯片/大纲】窗格：【幻灯片】选项卡显示【幻灯片】窗格中显示的每个完整大小幻灯片的缩略图。添加其他幻灯片后，我们可以单击【幻灯片】选项卡上的缩略图使该幻灯片显示在【幻灯片】窗格中。或者可以拖动缩略图重新排列演示文稿中的幻灯片，还可以在【幻灯片】选项卡上添加或删除幻灯片。

❹备注窗格：可以键入对当前幻灯片的说明。

二、PowerPoint 2010 视图模式

在幻灯片【视图】选项卡中的【演示文稿视图】组中包含有 4 种演示文稿视图模式，分别是普通视图、幻灯片浏览、备注页和阅读视图。

1. 普通视图　打开【第六单元\素材\苹果粒新品上市策划.pptx】演示文稿。

❶单击【视图】选项卡，此时【普通视图】默认处于选中状态，如图 6-0-2 所示。

❷普通视图是最常用的视图模式，它分【幻灯片】和【大纲】两种形式。【幻灯片】选项卡中列出了当前演示文稿中所有幻灯片的缩略图；单击【大纲】选项卡，将以大纲形式列出当前演示文稿中每张幻灯片的文本内容，如图 6-0-3 所示。

❸单击不同的选项卡标签，即可在对应的窗格间进行切换，也可以用鼠标拖曳左窗格的右边界来调整其窗格的大小。

2. 幻灯片浏览视图　单击【视图】→【演示文稿视图】→【幻灯片浏览】。幻灯片浏

图 6-0-2　普通视图　　　　　　　　　　　　　　图 6-0-3　大纲选项卡

览视图可以将多张幻灯片同时显示在屏幕中，方便我们看到整个演示文稿的全貌，但无法编辑单个幻灯片的内容。适合用来进行演示文稿整体性的修改，如删除与复制幻灯片，调整幻灯片顺序，或者调整其显示比例、颜色与灰度等，如图 6-0-4 所示。

3. 备注页视图　备注页视图模式下，可以添加和更改备注信息，为了避免日后讲解幻灯片时，忘记讲解所用的事例、数据等内容。

4. 阅读视图　如果我们希望在一个设有简单控件的审阅窗口中查看演示文稿，而不希望使用全屏幻灯片放映视图，就可以使用阅读视图。

5. 幻灯片放映视图　幻灯片放映视图是演示文稿的最终效果。按下【F5】键或者单击【幻灯片放映】按钮 （"小酒杯"形状），就会从当前编辑的幻灯片开始播放。

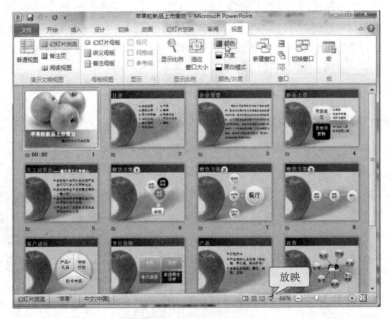

图 6-0-4　幻灯片浏览视图

案例一 创建企业简介演示文稿

丁宁在企业的市场部实习，最近，企业准备到各高校宣讲，需要 1 份关于公司简介的演示文稿。部门领导让小丁试一试，丁宁刚好在学校学过一些制作演示文稿的基础知识，于是便胸有成竹地用 PowerPoint 2010 开始制作。

案例效果： 第六单元 \ 结果 \ 新能销售公司 **. pptx**

一、创建演示文稿

PowerPoint 2010 提供了多种创建文档的方法，可以根据我们的需求创建空白演示文稿或利用模板创建具有一定格式的新演示文稿。

启动 PowerPoint 2010，系统将自动新建 1 个名为【演示文稿 1】的演示文稿，单击【文件】选项卡，在打开的后台视图中单击【保存】，将其保存并命名为【新能销售公司 . pptx】。

1. 新建空白演示文稿 创建空白演示文稿的方法有以下几种：

方法一：❶单击【文件】选项卡，在窗口左侧单击【新建】，然后单击【空白样式文稿】，如图 6-1-1 所示。

❷单击右侧的【创建】。

方法二：打开文件夹，在空白处单击鼠标右键，在弹出的快捷菜单中单击【新建】，然后在菜单中单击【Microsoft Office PowerPoint 演示文稿】，新建一个演示文稿。

方法三：在启动 PowerPoint 2010 后，按【Ctrl＋N】组合键直接新建一个空白演示文稿。

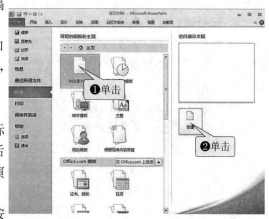

图 6-1-1 新建空白演示文稿

2. 根据模板创建演示文稿 PowerPoint 2010 为我们提供了多种系统自带的模板来创建演示文稿，这样可以提高办公的工作效率。

❶单击【文件】选项卡中的【新建】→【样本模板】→【我的模板】或是【office. com 模板】提供的模板类型。

❷单击【创建】如图 6-1-2 所示。

3. 根据现有内容创建演示文稿 如果我们经常要做版式差不多的演示文稿，为了提高工作效率，直接在现有内容上新建演示文稿。操作步骤如下：

❶单击【文件】→【新建】，在展开的【可用的模板和主题】里单击【根据现有内容新建】，如图 6-1-3 所示。

205

❷在弹出的【根据现有文档新建】对话框中选择相应的演示文稿，然后单击【新建】。

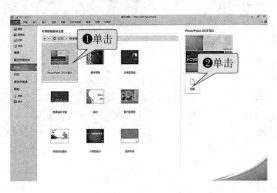

图 6-1-2　根据模板创建演示文稿

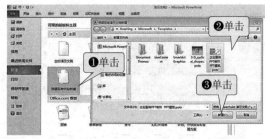

图 6-1-3　根据现有内容创建演示文稿

二、输入文本

1. 输入标题

❶在如图 6-1-4 所示幻灯片窗格中，单击【开始】→【幻灯片/大纲】。

❷单击第 1 张幻灯片中的占位符【单击此处添加标题】，输入【新能销售公司】。

2. 在新建幻灯片中插入信息

❶单击【开始】→【幻灯片】组中的【新建幻灯片】，打开如图 6-1-5 所示的幻灯片版式下拉列表。

❷单击【Office 主题】下的【标题和内容】就插入了这个版式的新幻灯片。

新幻灯片插入后，就可以在这张新幻灯片的【幻灯片/大纲】窗格中输入文本，也可以在幻灯片窗格中输入文本。

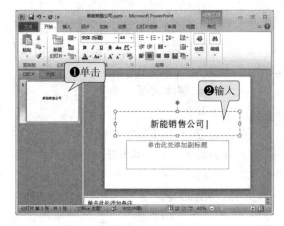

图 6-1-4　使用占位输入文字

❸单击【幻灯片/大纲】中的任意一张幻灯片，如图 6-1-6 所示。

❹幻灯片中的相关图标，按提示操作就可以插入表格、图表、SmartArt 图形、来自文件的图片、剪贴画及媒体剪辑等信息。

用同样的方法再插入 2 张新幻灯片，并输入文本，效果如【第六单元 \ 结果 \ 新能公司简介 .pptx】文档中 1、2、3、4 张幻灯片。

[注] 如果是空白幻灯片版式，输入文本时需要先插入 1 个文本框，然后在文本框中输入文本。

三、幻灯片的基本操作

幻灯片的基本操作包括选择、新建、移动、复制和删除幻灯片。

1. 选择幻灯片　只有在选择了幻灯片后，我们才能对幻灯片进行编辑和各种操作。

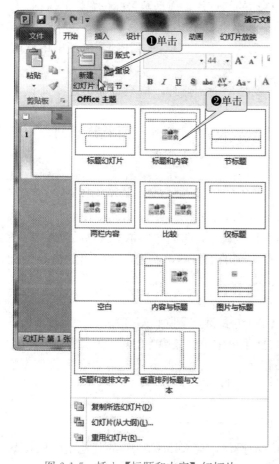

图 6-1-5　插入【标题和内容】幻灯片

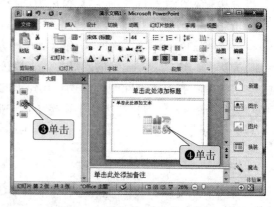

图 6-1-6　在幻灯片中输入信息

207

（1）选择单张幻灯片。在【幻灯片/大纲】窗格中单击需要选择的幻灯片。

（2）选择多张不连续的幻灯片。在【幻灯片/大纲】窗格中按住【Ctrl】键，单击需要选择的幻灯片，就选择了多张不连续的幻灯片。

（3）选择多张连续的幻灯片。在【幻灯片/大纲】窗格中单击需要选择的第一张幻灯片，然后按住【Shift】键不放，再单击需要选中的最后一张幻灯片。

2. 新建幻灯片　默认情况下，新建空白演示文稿后文档中只有 1 张幻灯片，如果需要多张幻灯片，则需要新建幻灯片。新建幻灯片有以下几种方法创建：

方法一：单击【开始】→【幻灯片】→【新建幻灯片】。

方法二：单击【开始】→【幻灯片】→【新建幻灯片】按钮下的箭头，在弹出的下拉菜单中选择需要添加的幻灯片版式。

方法三：在【幻灯片/大纲】窗格中选中 1 张幻灯片，按【Enter】键，在刚选中的幻灯片下创建 1 张相同版式的幻灯片。

方法四：把鼠标移至【幻灯片/大纲】窗格中选中 1 张幻灯片，右击，在弹出的快捷菜单中选择【新建幻灯片】。

3. 移动幻灯片　要改变幻灯片的顺序，可以通过移动幻灯片来实现，方法有以下几种：

方法一：在【幻灯片/大纲】窗格中选中要移动的幻灯片，拖动至目标位置松开鼠标。

方法二：在【幻灯片/大纲】窗格中选中需要移动的幻灯片缩略图，右击，单击快捷菜单中的【剪切】，然后在目标位置单击【粘贴】来实现。也可以单击【开始】选项卡中【剪切板】组中的【剪切】【粘贴】。

方法三：在【幻灯片浏览】视图中，选择需要移动的幻灯片，拖至目标位置松开鼠标即可。

4. 复制幻灯片　如果要建立的幻灯片与之前所设计的版式风格一致的话，就可以用复制、粘贴来实现。

方法一：在【幻灯片/大纲】窗格中选择需要复制的幻灯片，单击【开始】选项卡中【剪切板】组中的【复制】，然后将光标定于要创建副本幻灯片的位置上，单击【粘贴】。

方法二：在【幻灯片/大纲】窗格中选择需要复制的幻灯片，右击，在弹出的快捷菜单中单击【复制】，然后将光标置于要创建副本幻灯片位置上，再右击，单击【粘贴】。

方法三：在【幻灯片/大纲】窗格中选择需要复制的幻灯片，右击，在弹出的快捷菜单中单击【复制幻灯片】，同样可创建选中幻灯片的副本。

5. 删除幻灯片　删除幻灯片有以下几种方法：

方法一：选择需要删除的幻灯片，直接按【Delete】键，删除该幻灯片。

方法二：右击要删除的幻灯片，在弹出的快捷菜单中单击【删除幻灯片】。

方法三：在【幻灯片/大纲】窗格中选中要删除的幻灯片，单击【开始】选项卡中【剪切板】组的【剪切】。也可右击，在快捷菜单中选择【剪切】。

四、保存演示文稿

保存演示文稿是我们在编辑中必不可少的一项操作，与 Office 2010 的其他组件操作基本相同。

1. 另存为　另存为就是将当前文档保存为一个新文档，旧文档依旧保留。操作方法是在当前演示文稿中打开【文件】选项卡，在该选项卡左侧单击【另存为】按钮，在弹出的【另存为】对话框中选择保存路径、输入目标文件及选择保存类型即可，如图 6-1-7 所示。

在保存类型中，可以选择【PowerPoint 97-2003】类型或【Windows Media 视频（.wmv）】。

2. 自动保存

❶在当前演示文稿中单击【文件】→【选项】，如图 6-1-8 所示。

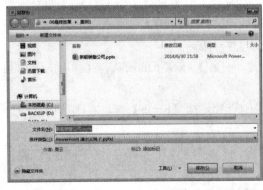

图 6-1-7　另存为对话框

图 6-1-8　设置自动保存时间

❷在弹出的【PowerPoint 选项】对话框左侧单击【保存】选项。

❸此时就会显示出自定义文档保存方式，默认自动保存时间间隔为【10】分钟，我们可根据自己的需要设置【保存自动恢复信息时间间隔】以及【自动恢复文件位置】等。

五、设置文本格式

1. 设置字体格式

方法一：❶单击【新能销售公司.pptx】中的第 1 张幻灯片，选中文字【新能销售公司】或选中包含该文字的占位符，如图 6-1-9 所示。

❷在【开始】选项卡的【字体】组中，设置字体为【华文新魏】，字号【48】，字体颜色为【橙色，强调文字颜色 6，深色 25％】。

方法二：❶【字体】组中共包含有 13 个关于字体设置的相关命令，如果这些都不能满足设置需要，我们还可以单击【字体】组中的【对话框启动器】。

❷在弹出的【字体】对话框中设置字体格式，如图 6-1-10 所示。

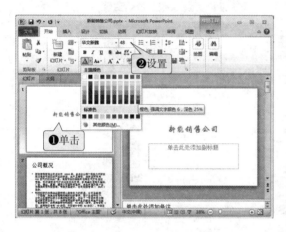

图 6-1-9　设置字体格式

图 6-1-10　其他字体格式设置

2. 设置段落格式

（1）设置文本对齐方式。

❶单击【新能销售公司.pptx】中的第 2 张幻灯片，选中【内容】占位符，如图 6-1-11 所示。

❷在【段落】组中单击【文本左对齐】，单击【文本对齐】→【中部对齐】。

在 PowerPoint 2010 中设有 5 种文本对齐方式：【左对齐】【居中对齐】【右对齐】【分散对齐】【两端对齐】；而对齐文本或垂直对齐有顶部对齐等 6 种，如图 6-1-12 所示。

（2）设置文字方向。

❶单击【新能销售公司.pptx】中的第 3 张幻灯片，选中【内容】占位符，如图 6-1-13 所示。

❷在【开始】选项卡中的【段落】组中单击【文字方向】→【竖排】，使选中的文本竖直排列。

（3）设置行间距。单击【新能销售公司.pptx】中的第 4 张幻灯片，选中【内容】占位符。

图 6-1-11　设置文字对齐方式

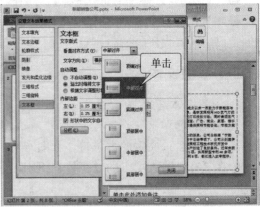

图 6-1-12　设置文本垂直对齐方式

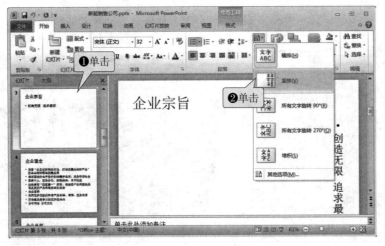

图 6-1-13　设置文字方向

单击【开始】选项卡，单击【段落】组中的【显示"段落"对话框】，弹出【段落】对话框，设置行距为【1.5 倍行距】，如图 6-1-14 所示。

（4）设置项目符号和编号。

❶单击【新能销售公司.pptx】中的第 4 张幻灯片，选中【内容】占位符，如图 6-1-15 所示。

图 6-1-14　段落设置对话框

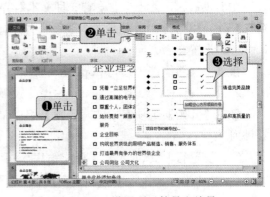

图 6-1-15　设置项目符号和编号

❷单击【开始】选项卡，单击【段落】组中【项目符号】。

❸在下拉列表中选择项目符号和编号的种类。

❹在【项目符号和编号】对话框中，还可以自定义项目符号的字体大小、颜色以及图片类型，在【编号】选项卡中还能设置编号的起始编号等，如图 6-1-16 所示。

（5）设置分栏。

❶单击【新能销售公司.pptx】中的第 2 张幻灯片，选中【内容】占位符，如图 6-1-17 所示。

❷单击【开始】选项卡，单击【段落】组中【分栏】。

图 6-1-16　项目符号和编号对话框

❸在打开的下拉列表中选择【三列】。

【段落】组中的【分栏】，可以将文本内容以两列、三列或者是更多栏数显示，单击【分栏】里的【更多栏】，可以设置【数字】（即栏数）与【间距】选项值，如图 6-1-18 所示。

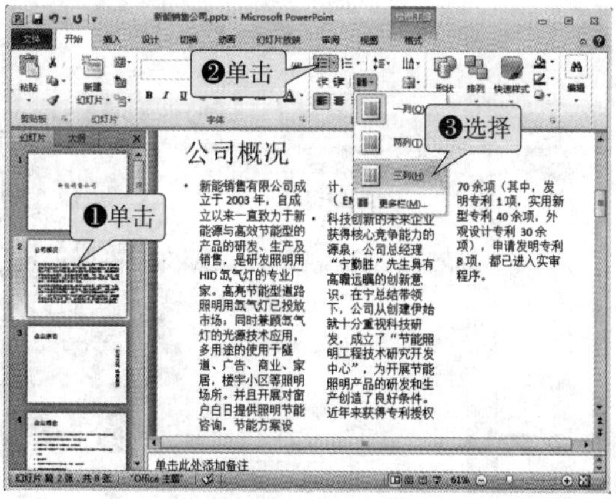

图 6-1-17　分栏设置

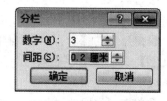

图 6-1-18　分栏设置对话框

活学活用

🔍 **使用模板制作演示文稿**

制作效果　【第六单元 \ 结果 \PowerPoint 2010 简介.pptx】
活动要求　使用 PowerPoint 2010 的样本的模板制作演示文稿。

1.启动 PowerPoint 2010。

2.创建 PowerPoint 2010 样本模板的演示文稿。

3.按键盘上的【F5】功能键，播放幻灯片，单击鼠标或滚动滚轮观看学习。

案例二　丰富企业简介演示文稿的内容

　　丁宁在公司简介的演示文稿中输入了文字内容，并进行了设置，但还没有图片、图表、动画、声音等多媒体元素，演示文稿显得很单调，丁宁还需将这些元素添加到幻灯片中，使幻灯片效果更具有艺术性、直观性。

🔘 **案例素材：** 第六单元\素材\新能销售公司.pptx

🔘 **案例效果：** 第六单元\结果\新能销售公司.pptx

　　在幻灯片中可以插入、编辑剪贴画、艺术字、自选图形等内置对象以及图片、音频、视频等外部对象，以增加演示文稿的艺术效果和表现能力，其插入方法与在 Word 2010 中的插入方法相似。

一、插入剪贴画

　　❶打开【第六单元\结果\新能销售公司.pptx】，另存为【新能销售公司.pptx】。

　　❷选择该演示文稿中的第 1 张幻灯片，单击【插入】→【图像】组的【剪贴画】。

　　❸在弹出的【剪贴画】窗格中的【搜索文字】文本框中，输入【个人计算机】，单击【搜索】按钮。

　　❹单击【j0195384.wmf】剪贴画即可完成剪贴画的插入，并拖动移到合适位置，如图 6-2-1 所示。

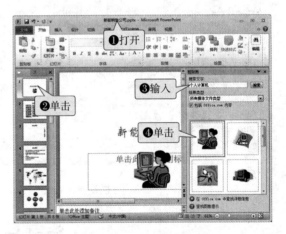

图 6-2-1　插入剪贴画

二、插入图片与形状

　　（1）单击【新能销售公司.pptx】中的第 4 张幻灯片，按【Ctrl＋M】组合键，在它的后面插入 1 张空白幻灯片，如图 6-2-2 所示。

　　（2）单击【插入】选项卡，单击【插图】组中【图片】，或单击新幻灯片中内容占位符中的【图片】（这种插入方法将把插入图片的大小限制在该内容占位符内），打开【插入图片】对话框，选择素材文件夹中的【06-1.jpg】文件，单击【插入】。

　　（3）单击【插入】选项卡，单击【插图】组中【形状】，在弹出的下拉列表中单击【矩形】，此时鼠标指针形状将会变成"＋"字形，拖动光标完成【矩形】的绘制。

　　（4）适当调整【矩形】的形状与位置，选择该形状，单击【绘图工具-格式】选项卡，单击【形状样式】，在弹出的下拉列表中单击【浅色 1 轮廓，彩色填充-蓝色，强调文字

212

颜色 1】。

（5）右击【矩形】，在弹出的快捷菜单中
单击【编辑文字】，录入【中国重庆】。单击
该幻灯片标题占位符，录入【企业总部】。

三、插入艺术字

❶选择【新能销售公司 .pptx】中的第 4
张幻灯片，如图 6-2-3 所示。

❷按住【Ctrl】键单击【企业目标】和
【公司网站 公司文化】，选中它们。

❸选择【绘图工具-格式】选项卡，单击
【艺术字样式】中的【其他】，在弹出的下拉列
表中单击【渐变填充-蓝色，强调文字颜色 1】。

［注］在【插入】选项卡中，单击【文
本】组的【艺术字】，在其列表中选择相应的
选项，并在弹出的文本框中输入文本也可以
插入艺术字。

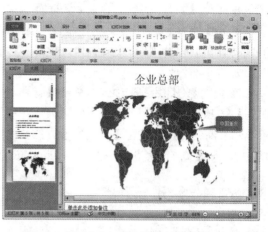

图 6-2-2　插入图片与形状

四、插入 SmartArt 图形

SmartArt 图形可以把单一的列表变成色
彩斑斓的有序列表、组织图或流程图，
PowerPoint 2010 为我们提供了列表、流程、
循环等 8 大类 SmartArt 图形。

❶单击【新能销售公司 .pptx】中的第 5
张幻灯片，按【Ctrl＋M】组合键，新建 1
张空白幻灯片，如图 6-2-4 所示。

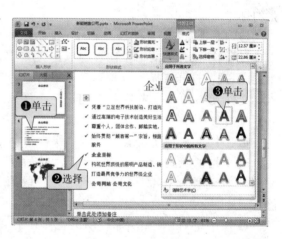

图 6-2-3　插入艺术字

❷单击【插入】选项卡，单击【插图】组中【SmartArt】，或单击新幻灯片中内容占位
符中的【SmartArt】按钮（这种插入方法将把插入 SmartArt 图形的大小限制在该内容占位
符内），打开【选择 SmartArt 图形】对话框，选择【循环】中的【基本射线图】，单击【确
定】。

❸【在此处键入文字】对话框中，依次输入文字【全国销售大区、西南、东北、华东、
华北】。

❹选中 SmartArt 图形，单击【SmartArt 工具-设计】选项卡，单击【SmartArt 形状样
式】中的其他，在弹出的下拉列表中单击【白色轮廓】。

［注］在幻灯片中选择已经输入文字占位符，选择【开始】选项卡，单击【段落】组中
的【转换为 SmartArt】，选择 1 种 SmartArt 图形，即可将其转换为 SmartArt 图形。

五、插入页眉和页脚

在幻灯片中插入页眉和页脚，可以使幻灯片更利于我们阅读。

213

❶打开【新能销售公司.pptx】演示文稿，单击【插入】选项卡，单击【文本】组里【页眉和页脚】，打开【页眉和页脚】对话框，如图6-2-5所示。

❷单击【幻灯片】选项卡，单击【日期和时间】【幻灯片编号】【页脚】【标题幻灯片中不显示】前的复选框，在【页脚】下方的文本框中录入【新能销售公司www.xinneng.com】。

❸单击【全部应用】。

六、插入音频

❶单击【新能销售公司.pptx】中的第1张幻灯片，如图6-2-6所示。

❷单击【插入】选项卡，单击【媒体】组中【音频】，在弹出的下拉列表中单击【文件中的声音】，打开【插入音频】对话框，选择素材文件夹中的【雪之梦.mp3】，单击【插入】按钮。

❸选中插入的音频图标，显示快捷工具栏，通过此工具栏可以播放/停止、向后移0.25s、向前移0.25s、调整音量、静音/取消静音，如图6-2-6、图6-2-7所示。

❹选中插入的音频图标，单击【音频工具-播放】选项卡，在【音频选项】中，单击【开始】右侧下拉按钮，在弹出的下拉列表中选择【跨幻灯片播放】，单击【播时隐藏】复选框，如图6-2-6所示。

❺单击【幻灯片放映】选项卡，单击【开始放映幻灯片】组中【从头开始】或按键盘上的【F5】，观看效果。

七、插入视频

视频插入命令也在【插入】选项卡中的【媒体】组里，插入方法和插入音频的方法雷同，稍有不同的是，单击【视频】的下三角按钮后，下拉列表中是【文件中的视频】【来自网站的视频】【剪贴画视频】3个选项。在幻灯片里插入的视频文件主要包括avi、asf、mpeg、wmv等格式的文件。

（1）选择【新能销售公司.pptx】中的第6张幻灯片，按【Ctrl+M】组合键，新建1

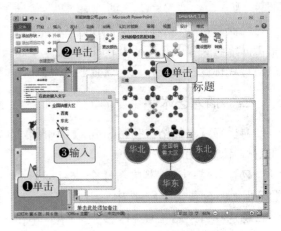

图 6-2-4　插入 SmartArt 图形

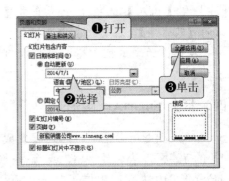

图 6-2-5　插入页眉和页脚

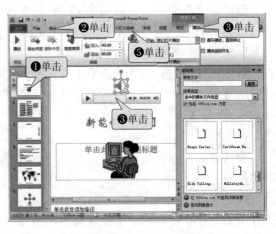

图 6-2-6　设置音频的播放

214

张幻灯片，如图 6-2-8 所示。

（2）选择【插入】选项卡，单击【媒体】→
【视频】→【剪贴画视频】，打开剪贴画任务栏，
单击【奔跑的橄榄球手】将其插入幻灯片中，并
适当调整位置。

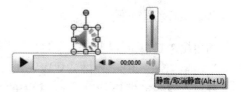

图 6-2-7　音频试听及调节

（3）选中【奔跑的橄榄球手】，选择【图片
工具-格式】选项卡，单击【调整】组中的【颜色】按钮，在弹出的下拉列表中单击【色调】
→【色温：6500K】。

图 6-2-8　插入剪贴画视频

（4）在第 7 张幻灯片中，选择【插入】选项卡，单击【媒体】→【视频】→【文件中的
视频】，选择【第四单元 \ 素材 \ 野生动物 . wmv】，单击【插入】。

（5）选中【野生动物 . wmv】，选择【视频工具-格式】选项卡，单击【视频样式】→
【中等】→【圆形对角，白色】。

（6）选中【野生动物 . wmv】，选择【视频工具-播放】选项卡，单击【视频选项】→
【开始】→【自动】。

（7）按【Ctrl＋S】保存文档，按【Shift＋F5】观看效果，如图 6-2-9 所示。

图 6-2-9　插入到幻灯片中视频播放的效果

八、创建超链接

利用超级链接可以从一个幻灯片跳转到演示文稿的某一张幻灯片、其他演示文稿、Word 文档、Excel 电子表格、WWW 的 URL 地址、FTP 站点等。

❶单击【新能销售公司 . pptx】中的第 4 张幻灯片，选中文字【公司网站】如图 6-2-10 所示。

❷单击【插入】选项卡，单击【链接】组中的【超链接】。

❸在打开的【插入超链接】对话框中的【地址】栏输入链接的网址：http：//www. sinonechina. com/cn/home. asp，单击【确定】。

❹放映时，单击设置好超链接的对象即可链接到网站页面。也可在编辑状态中右击设置超链接，在弹出快捷菜单中执行【打开超链接】命令。

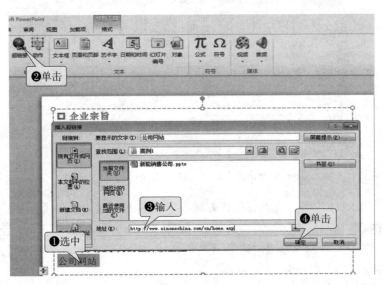

图 6-2-10　创建与网页链接

❺选中该幻灯片中的【公司文化】，并右击，从弹出的快捷菜单中单击【超链接】。

❻在打开的【插入超链接】对话框中，单击【查找范围】右侧的【浏览文件】按钮，如图 6-2-11 所示。

❼在弹出的【链接到文件】对话框中选择需要链接的文件【第六单元 \ 素材 \ 人才招聘 . pptx】，单击【确定】。

❽单击【插入】→【插图】组中的【形状】，在弹出的下拉列表中单击动作按钮中的【动作按钮：后退或前一项】，绘制一个动作按钮，同时打开【动作设置】对话框，选择【超链接到】，单击【第一张幻灯片】，单击【确定】，如图 6-2-12 所示。

❾按【F5】键观看效果。

九、插入表格

在 PowerPoint 2010 中，除了可以录入文字，插入图片、形状等多媒体元素外，还可以插入表格、Excel 电子表格等，使用表格来表达有关数据，简单、直观、高效。

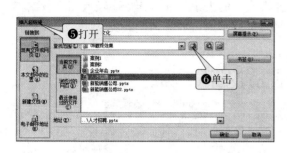

图 6-2-11　创建与文件的链接

图 6-2-12　创建动作按钮超链接

1. 插入基本表格

（1）单击【新能销售公司 .pptx】中的第 7 张幻灯片，按【Ctrl＋M】组合键，插入 1 张空白幻灯片。

（2）单击【插入】选项卡，单击【表格】组中的【表格】按钮。

（3）在弹出的下拉列表中，单击【插入表格】，打开【插入表格】对话框，输入 7 行、6 列，单击【确定】插入表格，如图 6-2-13 所示。

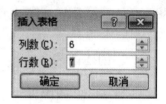

图 6-2-13　插入表格对话框

（4）录入标题【新能公司 2013 年度各地市销售情况表（万元）】，录入表 6-1 所示的文字与数字，表格的内容也可以从【第六单元 \ 素材 \ 插入表格 .docx】中复制。

表 6-1　新能公司 2013 年度各地市销售情况表（万元）

城市	第一季度	第二季度	第三季度	第四季度	合计
沈阳	126	148	283	384	941
桂林	0	88	276	456	820
重庆	266	368	486	468	1588
甘肃	234	186	208	246	874
河北	186	288	302	568	1344
广州	98	102	108	96	404

　　除了上面的方法，我们也可直接在执行【表格】命令后，在弹出的下拉列表中，直接选择行数和列数，即可插入相应的表格。或者直接在新建幻灯片中，单击占位符中的【插入表格】图标，在弹出的【插入表格】对话框中设置行数与列数。

2. 插入 Excel 电子表格　在幻灯片中插入 Excel 电子表格可以对表格中的数据进行排

序、计算和使用公式等，如图 6-2-14 所示。

❶选择需要插入电子表格的幻灯片后，单击【插入】→【表格】。在展开的列表中单击【Excel 电子表格】。

❷返回编辑区，通过拖动的方法来调整工作表窗口的大小。在工作表中输入相应数据和公式。工作表编辑完后，单击工作表以外的区域即可退出工作表编辑模式。

图 6-2-14　插入 Excel 电子表格

十、创建图表

PowerPoint 2010 中的图表与 Excel 2010 中的图表大体相同，提供了 11 种图表类型，可以根据不同数据类型选择不同的图表类型。

同前面表格的插入一样，可以通过占位符中的【插入图表】插入图表。此外，还可以在【插入】选项卡中的【插图】组中执行【图表】命令来完成图表的插入。

❶单击【新能销售公司.pptx】中的第 8 张幻灯片，按【Ctrl＋M】组合键，插入 1 张空白幻灯片。单击新幻灯片中占位符中【插入图表】按钮，如图 6-2-15 所示。

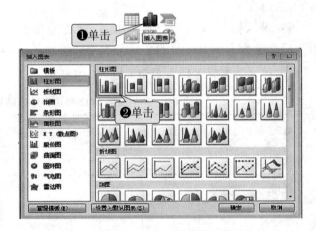

图 6-2-15　创建图表 1

❷在弹出的【插入图表】对话框中选择柱形图中的【簇状柱形图】，单击【确定】。

❸在弹出的 Excel 表格中输入图表相应数据。

❹在幻灯片的标题占位符中输入【新能公司 2013 年度各地市销售情况表（万元）】，如图 6-2-16 所示。

❺选择【文件】选项卡，单击【退出】，保存演示文稿，退出程序。

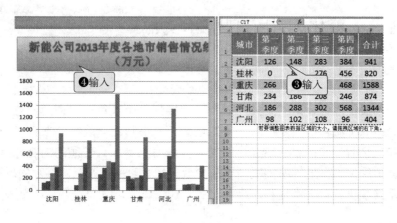

图 6-2-16 创建图表 2

活学活用

制作"神舟十号"飞船简介演示文稿

制作效果 【第六单元 \ 结果 \神舟十号飞船简介.pptx】

活动要求 "神舟十号"发射成功，并完成与天宫一号对接等任务，全国人民为之振奋和鼓舞，作为航天城中国航天博览馆讲解员的小苏，接受了制作"神舟十号飞船简介"的演示文稿的任务。请你根据【第六单元 \ 素材 \ 神舟十号简介素材.docx】文件，帮助小苏使用 PowerPoint 2010 制作神舟十号飞船简介演示文稿。

1. 创建 1 个空白演示文稿，保存为【神舟十号飞船简介.pptx】。该演示文稿中包含 11 张幻灯片，要求有标题幻灯片和致谢幻灯片。

2. 第 1 张幻片的标题为【神舟十号】飞船简介，副标题为【中国航天博览馆北京二〇一三年六月】。

3. 内容选择合理的幻灯片版式，根据素材中对应标题【神十概况、神十：四大任务、航天员乘组】的内容各制作 1 张幻灯片，【精彩时刻】制作 6 张幻灯片。

4. 给第 9 张幻灯片中的【王亚平演示太空中单摆做圆周运动】文本创建与视频【王亚平演示太空中单摆做圆周运动.mp4】文件链接。

5. 致谢幻灯片内容为【感谢所有为祖国的航空事业做出伟大贡献的工作者!】。

6. 【航天员乘组】和【精彩时刻】的图片、视频文件均存放于【第六单元 \ 素材】文件夹下，播放时文字图片和视频要有动画效果。

219

案例三　美化人才招聘演示文稿

李晨是培训公司的文员，前段时间接到一个项目，要去为一家企业的人力资源部做一个关于招聘人才的培训，主讲师让李晨给他准备一份培训课件。李晨只了解一些简单的幻灯片制作，但是他觉得这么普通的内容格式，如果在众人面前展示，会显得不美观，于是他就开始学习关于设置幻灯片的各种方法，使得演示文稿更具有艺术性和感染力。

案例素材： 第六单元 \ 素材 \ 人才招聘 . pptx

案例效果： 第六单元 \ 结果 \ 人才招聘 . pptx

一、更换幻灯片版式

幻灯片的布局格式也叫幻灯片版式，一般情况下创建演示文稿后，第 1 张幻灯片的版式都被默认为【标题幻灯片】版式。PowerPoint 2010 提供了【标题和内容】【比较】【内容与标题】等 11 种版式。更换幻灯片版式的方法主要有 3 种。

1. 通过【新建幻灯片】命令来实现版式的设置

❶打开【第六单元 \ 素材 \ 人才招聘 . pptx】演示文稿，单击第 1 张幻灯片，如图 6-3-1 所示。

❷单击【开始】选项卡，单击【幻灯片】组中的【新建幻灯片】的下三角按钮。

❸在其下拉列表中选择【比较】幻灯片版式。

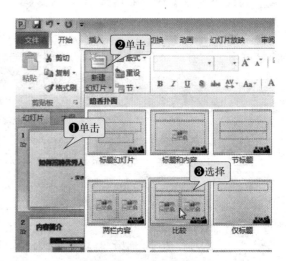

图 6-3-1　新建幻灯片时选择幻灯片版式

2. 通过【版式】命令和右击鼠标来实现版式的更换　选中需要更换版式的幻灯片。单击【开始】选项卡的【幻灯片】组中【版式】的下三角按钮。在其下拉列表中选择需要的版式。

3. 右击鼠标更换　在【幻灯片/大纲】窗格中，选中需要更换幻灯片版式的幻灯片。单击鼠标右键，在弹出的快捷菜单中执行【版式】命令。在随即打开的【Office 主题】对话框中选择需要的版式。

二、幻灯片主题应用

幻灯片主题即幻灯片的整体样式，包括幻灯片的背景和文字等对象。PowerPoint 2010 提供了数十种主题风格，当然我们也可以自定义主题。

1. 应用内置主题

❶打开【第六单元＼素材＼人才招聘】演示文稿，单击【设计】选项卡。单击【主题】组中【暗香扑面】主题，如图 6-3-2 所示。

❷单击鼠标右键，在弹出的对话框中执行【应用于选定幻灯片】即可实现主题的应用。除了【应用于选定幻灯片】外，我们还可以选择执行【应用于所有幻灯片】、【设置为默认主题】或【添加到快捷访问工具栏】命令。

2. 自定义主题　如果 Office 提供的内置主题都不能满足您的需要的话，那么我们还可以自定义主题样式，即通过设计主题的颜色、字体、效果以及背景样式来进行设置。

（1）更改主题颜色。

❶选择【人才招聘】演示文稿中的第 1 张幻灯片，单击【设计】选项卡，如图 6-3-3 所示。

图 6-3-2　应用主题

❷单击【主题】组中的【颜色】按钮，在弹出的下拉列表中【平衡】，也可在下拉列表中单击【新建主题颜色】，创建个性主题颜色。

图 6-3-3　自定义主题

（2）更改主题字体。单击【设计】选项卡，单击【主题】组【字体】，在弹出的下拉列表中选择【微软雅黑】。如果下拉列表中没有想要的字体，可以单击【新建主题字体】选项，在弹出的【新建主题字体】对话框中自定义主题字体，如图 6-3-4 所示。

（3）更改背景样式。单击【设计】选项卡，单击【背景】组中的【背景样式】，在弹出的下拉列表中选择【样式 6】，如图 6-3-5 所示。

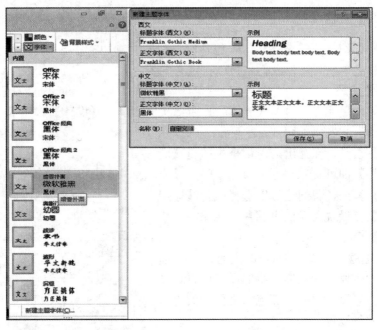

图 6-3-4　更改主题字体

　　如果要插入自己已有的图片作为幻灯片的背景，可以单击【设置背景格式】，在弹出的【设置背景格式】对话框中选择【图片与文理填充】，单击【文件】，打开【插入图片】对话框，找到放图片的位置，选择要插入的图片后，单击【插入】，单击【全部应用】即可，如图 6-3-6 所示。

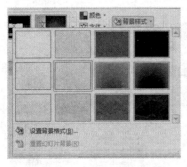

图 6-3-5　背景样式设置

图 6-3-6　把本地图片设为背景

三、设置对象动画方案

　　如果想让做的演示文稿具有动态效果，可以给幻灯片中的对象如文本、图片、图表等添加动画效果。

1. 设置进入动画效果

　　❶在【人才招聘】演示文稿中，单击第 1 张幻灯片中的【如何招聘优秀人才】，单击【动画】选项卡，单击【动画】组中的【其他】，如图 6-3-7 所示。

　　❷在打开的下拉列表中选择进入动画效果【浮入】。

❸单击【动画】选项卡中的【预览】即可查看该动画效果。如果想要应用更多的进入效果，可以单击【高级动画】组中的【添加动画】，在打开的下拉列表中选择【更多进入效果】选项，如图 6-3-8 所示。

图 6-3-7 设置进入动画

图 6-3-8 更改进入效果

2. 设置退出动画效果

❶在【人才招聘】演示文稿中，选中第 1 张幻灯片中的【演讲人：申强】，单击【动画】选项卡，单击【动画】组中的【其他】，如图 6-3-9 所示。

❷在打开的下拉列表中选择【轮子】退出动画效果。

❸在【动画】选项卡中的【预览】组里单击【预览】即可查看退出动画效果。更多的退出动画设置方法与进入动画设置方法相同。

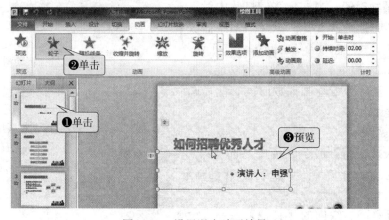

图 6-3-9 设置退出动画效果

3. 设置动画路径

❶在【人才招聘】演示文稿中，单击第 4 张幻灯片中的【剪贴画视频】，如图 6-3-10 所示。

❷单击【动画】选项卡，单击【动画】组中的其他按钮。

❸在打开的下拉列表中选择动作路径为【形状】。

❹单击【预览】查看效果。如果想添加更多的动作路径，单击【效果选项】。

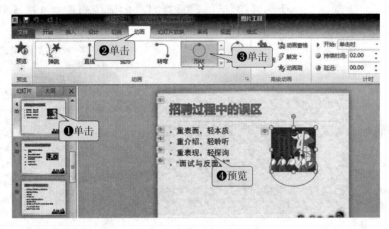

图 6-3-10　设置动作路径

4．设置强调动画效果

❶在【人才招聘】演示文稿中，选择第 3 张幻灯片中的【SmartArt 图形】，如图 6-3-11 所示。

❷单击【动画】选项卡，单击【动画】组中的【其他】。

❸在打开的下拉列表中选择【填充颜色】强调动画效果。

❹单击【动画】选项卡中的【预览】按钮预览效果。

5．设置播放时间　　当在一张幻灯片中设置有多个动画的时候，这就要考虑一个动画播放的先后顺序以及播放的时间长短问题。PowerPoint 2010 提供了设置播放时间功能，可以通过两种方法来设置动画播放时间，使动画效果之间完美结合。

（1）选项组法。

❶在【人才招聘】演示文稿中，选择第 2 张幻灯片中的【SmartArt 图形】，选择【动画】选项卡，如图 6-3-12 所示。

❷单击【动画】组中的【其他】按钮，设置进入动画为【擦除】。

❸单击【效果选项】，在打开的下拉列表中设置方向为【自顶部】，序列为【逐个】。

❹【计时】组中，单击【持续时间】与【延迟时间】后面的微调按钮，调整至【00.50】和【00.00】。

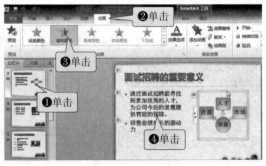

图 6-3-11　设置强调动画效果

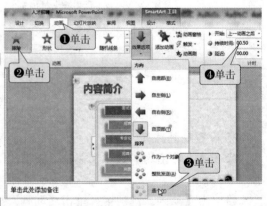

图 6-3-12　设置播放时间

224

（2）动画窗格法。

❶在【人才招聘】演示文稿中，选择第 2 张幻灯片中的【SmartArt 图形】，如图 6-3-13 所示。

❷在【动画】选项卡的【高级动画】组中单击【动画窗格】。

❸在【动画窗格】中，选择第 2 个动画，并右击鼠标，在打开的快捷菜单中单击【计时】。

❹【擦除】对话框打开，在里面的【计时】选项中设置时间和开始方式等，这里默认持续时间为 5 秒，延迟 0 秒。

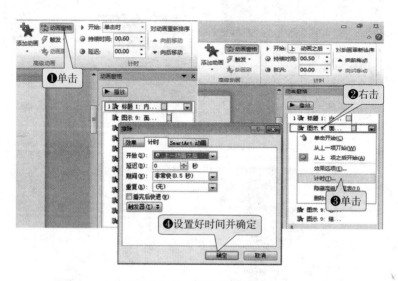

图 6-3-13　设置动画时间

四、设计切换方式

幻灯片中的对象都可以设置动画效果，同样，幻灯片与幻灯片之间也可以设置动画效果。

1. 设计转换效果

❶在【人才招聘】演示文稿中，选中第 2 张幻灯片，单击【切换】选项卡，单击【切换到此幻灯片】组中的【其他】，如图 6-3-14 所示。

❷在打开的下拉列表中选择【切换】。

❸单击【效果选项】，在弹出的下拉列表中单击【向右】。

2. 设置声音与播放速度

（1）设置切换声音。

❶在【人才招聘】演示文稿中，选中第 3 张幻灯片，如图 6-3-15 所示。

❷选择【切换】选项卡，单击【计时】组中的【声音】的下三角按钮。

❸在打开的下拉列表中选择【照相机】。

❹选择【其他声音】，可单击将本地计算机中的声音作为切换声音。

（2）设置播放速度。在"人才招聘"演示文稿中，选中第 4 张幻灯片，单击【切换】选项卡，单击【计时】组里中的【持续时间】，在其微调框中设置相应的持续时间即可，这里设置持续时间为 7.5 秒，如图 6-3-16 所示。

图 6-3-14 设置转换效果

图 6-3-15 设置切换声音

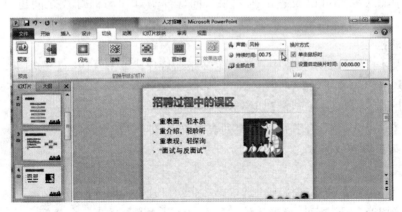

图 6-3-16 设置播放速度

（3）设计换片方式。一般情况下，换片方式包括【单击鼠标时】与【自动换片】两种方式。

❶在【人才招聘】演示文稿中，单击第 5 张幻灯片，如图 6-3-17 所示。

❷单击【切换】选项卡，在【计时】组中，单击【单击鼠标时】前复选框，取消复选，选择【设置自动换片时间】。

❸设置换片时间为 00：06.00。

❹单击【全部应用】，将设置应用于演示文稿中所有的幻灯片。

图 6-3-17　设置换片方式

五、设置母版

要经常制作某一类型的演示文稿，可以通过制作幻灯片母版来完成，做好母版后，应用母版可以快速制作出一系列内容连贯、风格统一的演示文稿。幻灯片母版可以看作是一组幻灯片设置，它通常由统一的颜色、字体、图片背景等组成。PowerPoint 2010 的【母版视图】中有幻灯片母版、讲义母版和备注母版 3 种母版。

图 6-3-18　幻灯片母版视图

1. 设置幻灯片母版

❶打开【第六单元 \ 素材 \ 人才招聘 .pptx】演示文稿。

❷单击【视图】选项卡，单击【母版视图】组中的【幻灯片母版】，进入幻灯片母版视图，在这里可以对母版的主题类型、字体、颜色、效果及背景样式等格式进行设置，如图 6-3-18 所示。

❸在【幻灯片/大纲】窗格中选择第 1 张母版幻灯片，选中标题文本框，对其进行字体和颜色的设置。这里我们把标题字体样式设为【微软雅黑，44 号】，艺术字样式为【渐变填充-褐色，强调文字颜色 4，映象】，如图 6-3-19 所示。

❹在【幻灯片母版】选项卡中，选中【标题和内容】版式幻灯片。选中内容占位符后，按【Delete】键删除选中的占位符，如图 6-3-20 所示。

❺在删除占位符的位置添加两个其他类别的占位符。在【幻灯片母版】选项卡中，执行【插入占位符】命令，在打开的下拉列表中选择所需占位符，如图 6-3-21 所示。

❻当鼠标变成"＋"字形时，按住鼠标左键拖动光标到适合位置，然后释放鼠标即可完

227

成占位符的绘制，如图 6-3-22 所示。

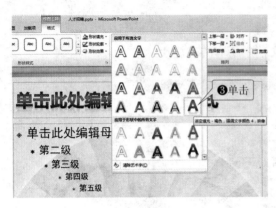

图 6-3-19　母版字体设置

图 6-3-20　删除占位符

图 6-3-21　添加占位符 1

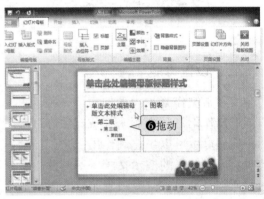

图 6-3-22　添加占位符 2

❼单击【幻灯片母版】选项卡，单击【编辑主题】组中的【主题】按钮，在弹出的下拉列表中选择【暗香扑面】，如图 6-3-23 所示。

❽设置母版背景：选中第 1 张幻灯片母版，在【幻灯片母版】选项卡中的【背景】组里单击【背景样式】，在随即打开的列表中单击【设置背景样式】，如图 6-3-24 所示。

图 6-3-23　母版主题应用

图 6-3-24　母版背景设置 1

❾在打开的【设置背景格式】对话框中选择【图片或纹理填充】选项，纹理选择【羊皮

纸】，如图 6-3-25 所示。

❿设置完成，返回【设置背景格式】对话框，单击【全部应用】，如图 6-3-26
所示。

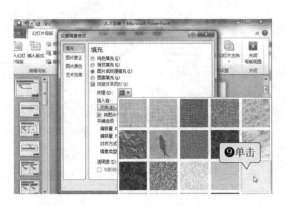

图 6-3-25　母版背景设置 2

图 6-3-26　母版背景设置 3

这样一个幻灯片母版就设置完成，在
【幻灯片母版】选项卡中单击【关闭母版视
图】即可，如图 6-3-27 所示。

2.讲义母版　讲义母版主要以讲义的
方式来展示演示文稿，主要是设置显示方
式，如幻灯片数量、页眉、页脚、日期和页
码等。

图 6-3-27　关闭母版视图

❶打开【第六单元＼素材＼人才招聘.
pptx】演示文稿。单击【视图】选项卡，单击【母版视图】组中的【讲义母版】，如图 6-3-
28。

❷单击【讲义母版】中的【页面设置】，在打开的对话框中可以设置母版宽度、高度等
参数。

❸在【讲义母版】选项卡的【占位符】组中根据需要选择【页眉】【页脚】【日期】及

图 6-3-28　讲义母版设置 1

图 6-3-29　讲义母版设置 2

229

【页码】复选框，可对其进行隐藏或显示操作，如图 6-3-29 所示。

3. 备注母版 备注母版主要用来设置备注信息的显示方式，无需设置母版主题，只需设置幻灯片方向、备注页方向、占位符和背景样式等。

打开【第六单元 \ 素材 \ 人才招聘 .pptx】演示文稿。单击【视图】选项卡，单击【母版视图】组中的【备注母版】，如图 6-3-30 所示。单击【备注母版】选项卡中的【背景样式】，在列表中选择适合的背景样式，完成备注页背景的添加。设置完后单击【关闭母版视图】退出设置。

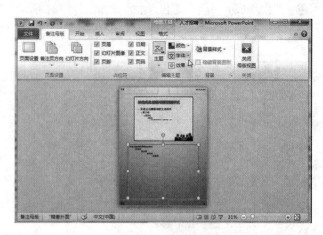

图 6-3-30　备注母版设置

• • • 活学活用 • • •

🔍 创建培训演示文稿

制作效果　【第六单元 \ 结果 \ 早晨喝开水.pptx】

活动要求　打开【第六单元 \ 素材 \ 早晨喝开水.pptx】完成以下操作，保存到【早晨喝开水.pptx】。

1. 使用【波形】主题修饰全文，设置放映方式为【观众自行浏览】。

2. 将第 3 张幻灯片移到第 1 张幻灯片前面，并将此幻灯片的主标题设置为【黑体，61 磅，蓝色（请用定义选项的红色 0、绿色 0、蓝色 245）】，副标题设置为【隶书，34 磅】。

3. 在第 1 张幻灯片后插入一版式为【空白】的新幻灯片，插入 4 行 2 列的表格。

第 1 列的第 1~4 行依次录入【好处】【补充水分】【防止便秘】和【冲刷肠胃】。第 2 列的第 1 行录入【原因】。

4. 将第 3 张幻灯片的文本 1~3 段依复制到表格第 2 列的第 2~4 行，表格文字全部设置为 22 磅，第一行文字居中。请将表格框调进幻灯片内。将第 3 张幻灯片的版式改为【两栏内容】。

5. 将第 4 张幻灯片的图片复制到第 3 张右栏区域中，图片动画设置为【进入】【浮入】。删除第 4 张幻灯片。

6. 保存。

案例四　播放企业年会演示文稿

年终到了，公司各部门又要为年会做准备了，李昊作为总经理助理，也忙着给总经理准备会议用的演示文稿。总经理要求演示文稿展示在 3 分钟内，故李昊要控制演示文稿的播放时间，李昊之前不知道怎样来控制时间，听说 PowerPoint 2010 中有这类的功能，于是他就开始学习设置。

● 案例素材：　第六单元 \ 素材 \ 企业年会 . pptx

● 案例效果：　第六单元 \ 结果 \ 企业年会 . pptx

一、设置幻灯片放映

1. 放映幻灯片　在幻灯片的【幻灯片放映】选项卡中提供了【从头开始】【从当前幻灯片开始】【自定义幻灯片放映】和【广播幻灯片】4 种选项供大家放映时选择。

（1）从头开始。从头放映是从整个演示文稿的第一张幻灯片放映到最后一张幻灯片。在【幻灯片放映】选项卡中的【开始放映幻灯片】组里执行【从头开始】命令，或直接按下【F5】键从头开始放映演示文稿。

（2）从当前幻灯片开始。选择需要当前放映的幻灯片，在【幻灯片放映】选项卡里的【开始放映幻灯片】组里执行【从当前幻灯片开始】命令，或选中幻灯片后按下【Shift＋F5】键，也可直接单击状态栏中的【幻灯片放映】按钮。

（3）广播幻灯片。向可以在 Web 浏览器中观看的远程观众放映幻灯片。

2. 设置放映范围

❶打开【第六单元 \ 素材 \ 企业年会 . pptx】，单击【幻灯片放映】选项卡，单击【自定义幻灯片放映】，在打开的下拉列表中选择【自定义放映】，如图 6-4-1 所示。

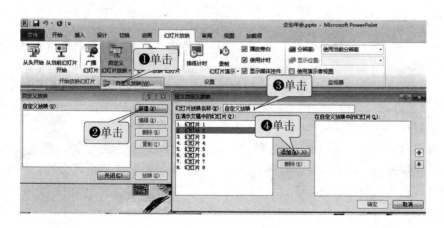

图 6-4-1　设置幻灯片放映范围

231

❷在打开的【自定义放映】对话框中，单击【新建】。

❸在打开的【定义自定义放映】对话框中，单击【幻灯片放映名称】中输入放映名称，选择默认名称【自定义放映 1】。

❹在【在演示文稿中的幻灯片】列表框中选择需要自定义放映的幻灯片，单击【添加】按钮。如果要选择多张幻灯片，也可先按下【Ctrl】键，再选择幻灯片，选择好后再单击【添加】按钮。

❺自定义放映设置完成后，在幻灯片中单击【自定义幻灯片放映】下拉列表中的【自定义放映 1】，如图 6-4-2 所示。

3. **设置放映方式** 幻灯片的放映方式共有 3 种，分别是【演讲者放映】【观众自行浏览】和【在展台浏览】，可以根据自己的需要进行选择。

❶打开【第六单元 \ 素材 \ 企业年会 . pptx】。单击【幻灯片放映】选项卡，单击【设置幻灯片放映】，如图 6-4-3 所示。

❷打开【设置放映方式】对话框，在【放映类型】选项组中单击【观众自行浏览】单选按钮，单击【确定】。

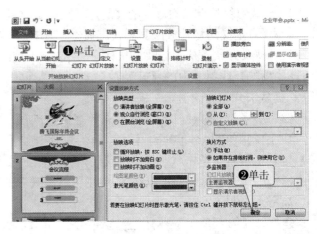

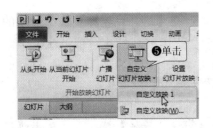

图 6-4-2　播放自定义放映

图 6-4-3　设置放映方式

4. **放映类型说明**

（1）演讲者放映。是默认的放映方式。在这种放映方式下，幻灯片全屏放映，放映者有完全的控制权。

（2）观众自行浏览（窗口）。在这种放映方式下，幻灯片从窗口放映，并提供滚动条和"浏览"菜单，由观众选择要看的幻灯片。在放映时可以使用工具栏或菜单移动、复制、编辑、打印幻灯片。

（3）在展台浏览（全屏幕）。在这种放映方式下，幻灯片全屏放映。每次放映完毕后，自动反复，循环放映。除了鼠标指针外，其余菜单和工具栏的功能全部失效，终止放映要按【Esc】键。观众无法对放映进行干预，也无法修改演示文稿。适合于无人管理的展台放映。

二、排练计时

（1）打开【第六单元 \ 素材 \ 企业年会 . pptx】。

（2）单击【幻灯片放映】选项卡，单击【设置】组中的【排练计时】。

（3）幻灯片的左上角会出现 1 个【录制】窗口，窗口中的第 1 个时间代表当前幻灯片页面放映完所需时间，第 2 个时间代表放映的幻灯片页面的累计完成时间，如图 6-4-4 所示。

图 6-4-4　排练计时 1

（4）结束放映时或单击【录制】工具栏中的【关闭】按钮时，系统将自动弹出 Microsoft PowerPoint 对话框，单击【是】按钮即可保存排练计时，如图 6-4-5 所示。

图 6-4-5　排练计时 2

（5）排练完成后，将出现幻灯片浏览视图界面，界面中显示着每张幻灯片的播放时间，如图 6-4-6 所示。

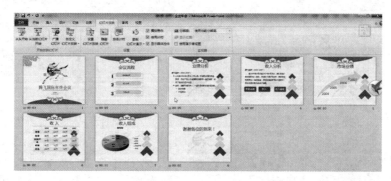

图 6-4-6　排练计时 3

三、录制幻灯片

❶打开【第六单元 \ 素材 \ 企业年会 . pptx】，单击【幻灯片放映】选项卡，单击【设置】组中的【录制幻灯片演示】→【从头开始录制】，如图 6-4-7 所示。

❷在弹出的【录制幻灯片演示】对话框中，单击【幻灯片和动画计时】复选框，单击【开始录制】，如图 6-4-8 所示。

图 6-4-7　录制幻灯片 1

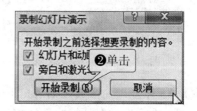

图 6-4-8　录制幻灯片 2

233

四、打包演示文稿

打包演示文稿实质上就是将演示文稿和运行平台捆绑在一起，通过打包演示文稿，可以在其他没有安装 PowerPoint 2010 的计算机中放映演示文稿，操作步骤如下：

❶打开【第六单元 \ 素材 \ 企业年会 .pptx】，单击【文件】选项卡，单击【保存并发送】，在打开的后台视图单击【将演示文稿打包成 CD】，弹出【将演示文稿打包成 CD】窗口，单击【打包成 CD】，弹出【打包成 CD】对话框，如图 6-4-9 所示。

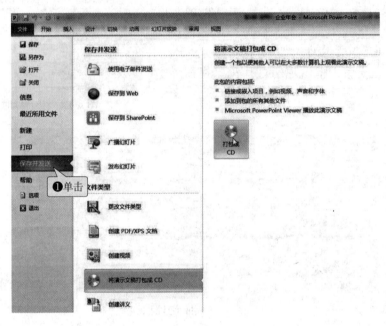

图 6-4-9　打包演示文稿 1

❷在【打包成 CD 对话框】中单击【选项】按钮，在弹出的对话框中设置程序包类型、演示文稿中【包含的文件】和【增强安全性和隐私保护】，如图 6-4-10 所示。设置完成后单击【确定】，返回到【打包成 CD】对话框，如图 6-4-11 所示。

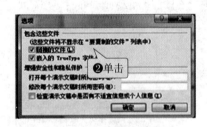

图 6-4-10　打包演示文稿 2

图 6-4-11　打包演示文稿 3

❸将一张空白光盘放在刻录光驱中，然后单击【复制到 CD】按钮，这里单击【复制到文件夹】，在弹出的对话框中选择默认保存位置，单击【确定】，将打包后的演示文稿存放到计算机的文件夹中。

❹在打开的提示包含连接文件信息对话框中单击【是】，将打包后的演示文稿复制到光

234

盘中，等演示文稿完成打包后单击【关闭】，关闭【打包成 CD】对话框。

活学活用

打包企业简介演示文稿

制作效果　【第六单元 \ 结果 \ 案例四打包】

活动要求　打开【第六单元 \ 结果 \ 完善新能销售公司简介.pptx】，完成以下操作:

1.使用【平衡】主题修饰全文，设置放映选项为【循环放映，按 Esc 键终止】。

2.使用【排练计时】，适当设置每张幻灯片的放映时间，以看清读完为宜。

3.保存。

4.从头开始录制幻灯片演示。

5.将该演示文稿打包到【案例四打包】文件夹中。

巴克教育研究所 . 2008. 项目学习教师指南 [M] . 北京：教育科学出版社 .

陈魁 . 2014. PPT 演义 [M] . 北京：电子工业出版社 .

褚建立 . 2005. 计算机组装与维护技能实训教程 [M] . 第 3 版 . 北京：电子工业出版社 .

导向工作室 . 2012. Word 2010 办公应用快易通 [M] . 北京：人民邮电出版社 .

黄国兴，周南岳 . 2009. 计算机应用基础 [M] . 北京：高等教育出版社 .

简超，羊清忠 . 2010. 从零开始学 Windows 7 [M] . 北京：清华大学出版社 .

教育部考试中心 . 2013. 全国计算机等级考试一级教程——计算机基础及 MS Office 应用 [M] . 北京：高
等教育出版社 .

金钟哲 . 2013. 表达的艺术 PPT 宝典 [M] . 北京：人民邮电出版社 .

刘远生 . 2004. 计算机网络基础 [M] . 北京：清华大学出版社 .

龙马工作室 . 2013. Word 2010 办公应用实战从入门到精通 [M] . 北京：人民邮电出版社 .

盛双艳 . 2006. 五笔字型和小键盘输入技术实训教程 [M] . 北京：机械工业出版社 .

王诚君，杨全月，聂娟 . Office 2010 高效应用从入门到精通 [M] . 北京：清华大学出版社 .

王国胜 . 2012. Office 2010 实战技巧精粹辞典 [M] . 北京：中国青年出版社 .

武马群，傅连仲 . 2009. 计算机应用基础（基础模块）[M] . 北京：电子工业出版社 .

张娟，羊清忠 . 2012. Office 2010 电脑综合办公 [M] . 第 3 版 . 北京：清华大学出版社 .

张卫，王能 . 2004. 计算机网络工程 [M] . 北京：清华大学出版社 .

张晓景，李晓斌 . 2011. 计算机应用基础——Windows 7＋Office 2010 中文版 [M] . 北京：清华大学出版
社 .

张彦，苏红旗，于双元，等 . 2013. 全国计算机等级考试一级教程——计算机基础及 MS Office 应用 [M] .
北京：高等教育出版社 .

赵国玲 . 2002. 知识产权犯罪调查与研究 [M] . 北京：中国检查出版社 .

赵崤韬，卢秋辰，卢天喆 . 2013. 从零开始学 Windows 7 [M] . 北京：人民邮电出版社 .

一、基本知识

1. 汉字的构成　中国人常说：木子——李，日月——明，立早——章，双木——林，可见，一个方块汉字是由较小的块拼合而成的。这些"小方块"如日、月、金、木、人、口等，就是构成汉字的最基本，也就是最根本的单位，我们把这些"小方块"称为"字根"，意思是汉字之本。"五笔字型"确定的字根有 125 种。字根又是什么构成的呢？试拿笔写一写就知道，字根是由笔画构成的。

2. 汉字的分解　计算机的输入设备键盘，只有几十个字母键，不可能把汉字都摆上。所以要将汉字分解开来之后，再向计算机输入。如将"桂"分解成"木、土、土"，"照"分解为"日、刀、口、灬"等。因为字根只有 125 种，这样，就把处理几万个汉字的问题，变成了只处理 125 种字根的问题。把输一个汉字的问题，变成输入几个字根的问题，这正如输入几个英文字母才能构成一个英文单词一样。分解过程是构成汉字的一个逆过程。当然，汉字的分解是按照一定的章法进行的，这个章法总起来就是：整字分解为字根，字根分解为笔画。

3. 汉字的五种笔画　书写汉字时，一次写成的一个连续不断的线段称为笔画，经科学归纳，汉字的基本笔画只有下表所示的 5 种。这 5 种笔画分别以 1、2、3、4、5 作为代号，见附表 1。

附表 1　汉字的五种笔画

代号	笔画名称	笔画走向	笔画及其变形
1	横	左→右	一
2	竖	上→下	丨
3	撇	右上→左下	丿
4	捺	左上→右下	丶
5	折	带转折	乙

（1）由"现"是"王"字旁可知，提笔应属于横。

（2）由"村"是"木"字旁可知，点笔"丶"应属于捺。

（3）竖笔向左带钩应属于竖。

（4）其余一切带转折、拐弯的笔画，都归折类。

4. 汉字的三种字型　汉字是一种平面文字，同样几个字根，摆放位置不同，也即字型不同，就是不同的字。如："叭"与"只"，"吧"与"邑"等。可见，字根的位置关系，也是汉字的一种重要特征信息。这个"字型"信息，在"五笔字型"编码中很有用处。根据构成汉字的各字根之间的位置关系，我们可以把成千上万的方块汉字分为三种字型：左右型、上下型、杂合型，并根据各型拥有汉字的多少顺序命以代号：1、2、3字型，见附表2。

附表2　汉字的三种字型

代号	字型	字　例	特　征
1	左右	汉、湘、结、封	总体左右排列
2	上下	字、莫、花、华	总体上下排列
3	杂合	困、凶、这、司、乘、本、年、天、果	字根之间不分上下左右浑然一体

5. 五笔字型的字根及键盘分布

（1）"五笔字型"字根键盘及助记词。五笔字型采用标准英文键盘的26个字母键输入汉字，汉字是由字根构成的。我们将构成汉字的字根，优选归纳为125种，也称为"码元"，分配在除Z键以外的25个英文字母键上，形成了五笔字型的"字根键盘"。五笔字型将125种字根按其第一个笔画的类别，各对应于英文字母键盘的一个区，每个区又尽量考虑字根的第二个笔画，再分作5个位，便形成有5个区，每区5个位，即 $5×5＝25$ 个键位的一个字根键盘，该键盘的位号从键盘中部起，向左右两端顺序排列，这就是分区划位的"五笔字型"字根键盘，如附图1所示。

"五笔字型"字根键盘的键位代码（即字根的编码），既可以用区位号（11～55）来表示，也可以用对应的英文字母来表示。由图可见，这是一个井然有序的字根键盘，"五笔字型"键盘设计和字根排列的规律性为：

①字根的第一个笔画的代号与其所在的区号一致，"禾、白、月、人、金"的首笔为撇，撇的代号为3，故它们都在3区。

②一般来说，字根的第二个笔画代号与其所在的位号一致，如"土、白、门"的第二笔为竖，竖的代号为2，故它们的位号都为2。

③单笔画"一、丨、丿、乙"都在第1位，两个单笔画的复合笔画"二、冫"都在第2位，三个单笔画复合起来的字根"三、彡、氵、巛"，其位号都是3。

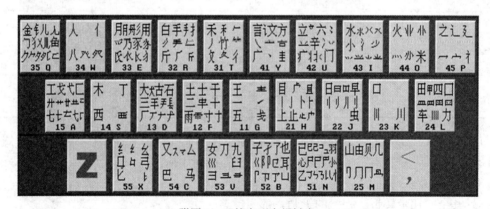

附图1　五笔字型字根键盘

为了使字根的记忆可以朗朗上口，特为每一区的字根编写了一首"助记词"，见附表3。

附表3 五笔字型助记词

横区	王旁青头戋 （兼）五一 11G	土士二干十寸雨 12F	大犬三（羊）古石厂 13D	木丁西 14S	工戈草头右框七 15A
竖区	目具上止卜虎皮 21H	日早两竖与虫依 22J	口与川，字根稀 23K	田甲方框四车力 24L	山由贝，下框几 25M
撇区	禾竹一撇双人立 反文条头共三一 31T	白手看头三二斤 32R	月彡（衫）乃用家衣底 33E	人和八，三四里 34W	金勺缺点无尾鱼，犬旁 留儿一点夕，氏无七 35Q
捺区	言文方广在四一 高头一捺谁人去 41Y	立辛两点六门疒 42U	水旁兴头小倒立 43I	火业头，四点米 44O	之字军盖道建底， 摘礻（示）衤（衣） 45P
折区	已半巳满不出己 左框折尸心和羽 51N	子耳了也框向上 两折也在五二里 52B	女刀九臼山朝西 53V	又巴马，丢矢矣 54C	慈母无心弓和匕 幼无力 55X

（2）什么是字根。汉字由字根构成，用字根可以像搭积木那样组合出全部的汉字和全部词汇。选取字根的条件：

①能组成很多的字，如：王、土、大、木、工；目、日、口、田、山等。

②组成的字特别常用，如：白（组成"的"）、西（组成"要"）等。

③绝大多数字根都是查字典时的偏旁部首，如：人、口、手、木、水、火、土等。

相反，相当一些偏旁部首因为太不常用，或者可以拆成几个字根，便不被入选为字根了，如：比、风、气、欠、殳等。

"五笔字型"的字根总数是125种。有时候，一种字根之中，还包含有几个同类字根，它们与主字根同在一个键位上，编码时使用同一个代码。主要是：

字源相同的字根：心、忄；水、氵等。

形态相近的字根：艹、卝、廿；已、己、巳等。

便于联想的字根：耳、卩、阝等。

（3）怎样找字根。字根设计及键位分区划位的规律性，使得初学者可以参考以下方法很快地在键盘上找到所要的字根。

①依字根的第一个笔画（首笔）可找到字根的区（只有几个例外）如："王、土、大、木、工、五、十、古、西、戈"的首笔为横（代号为1），它们都在第1区。"禾、白、月、人、金、竹、手、用、八、儿"的首笔为撇（代号为3），它们都在第3区。

②依字根的第二个笔画（次笔）一般来说，可找到位。如："王、上、禾、言、已"的第二笔为横（代号为1），它们都在第1位。"戈、山、夕、之、纟"的第二笔为折（代号为5），它们都在第5位。

③单笔画及其简单复合笔画形成的字根，其位号等于其笔画数。如："一、丨、丿、丶、乙"都在对应区的第1位；"二、冫"都在对应区的第2位；"三、彡、氵、巛"都在对应区的第3位。

④少数例外：有4个字根，即：力、车、几、心，它们既不在前2笔所对应的"区"和"位"，甚至也不在其首笔所对应的"区"中，实在是因为它们在对应的"区""位"里会引起大量重码。这样的字根只有4个，凭借某种特征，也算容易记住。如：

"力"：读音为Li，故在L（24）键上。

239

"车"：繁体字"車"与"田、甲"相近，与"田、甲"一起放在 L（24）键。

"几"：外形与"冂"相近，二者放在一个键上 M（25）。

"心"：其最长的一个笔画为"乙"，放在 N（51）键上。

二、"五笔字型"编码规则

1. 单字的编码规则

（1）"键面字"输入法。一张"字根总表"，把全部汉字划分成了两大部分。总表里边有的，称为"键面字"或"成字字根"。总表里边没有的，全部是由字根组合而成的，称为"键外字"或"复合字"。现在，我们先来学习"键面字"或"成字字根"的编码输入法。

①键名汉字输入：各个键上的第一个字根，即"助记词"中打头的那个字根，我们称之为"键名"。这个作为"键名"的汉字，其输入方法是：把所在的键连打四下。如：

土，编码是 FFFF，输入时连击 F 键四下。

金，编码是 QQQQ，输入时连击 Q 键四下。

②成字字根输入：在字根表中，除了 25 个键名汉字外，还有一些字根本身也是汉字，称为"成字字根"。输入成字字根时应：报户口＋首笔码＋次笔码＋末笔码，如：

雨：报户口 F、首笔码 G、次笔码 H、末笔码 Y，输入 FGHY。

夕：报户口 Q、首笔码 T、次笔码 N、末笔码 Y，输入 QTNY。

石：报户口 D、首笔码 G、次笔码 T、末笔码 G，输入 DGTG。

（2）"键外字"输入法。凡是"字根总表"上没有的汉字，即"键外字"，都可以认为是由表内的字根拼合而成的，故称之为"合体字"。输入前应将其拆成若干个字根，根据折出的字根对应的键盘按顺序键入。合体字的拆分原则：

①顺序拆分：按正确的书写顺序进行，如：

新：应为"立、木、斤"而非"立、斤、木"。

中：应为"口、丨"而非"丨、口"。

夷：应为"一、弓、人"而非"大、弓"。

②取大优先：再添一笔画便不能称为字根。"字根尽可能大，尽可能笔画多"，如：

世：应为"廿、乙"而非"卅、一、乙"。

③兼顾直观：为照顾汉字的完整性，暂且牺牲下"书写顺序"和"取大优先"原则。如：

国：按书写顺序拆分"冂、王、、、一"，这样就破坏了这个字的直观性，所以我们把它拆成"囗、王、、"；自：按取大优先的及书写顺序为"丿、乙、三"，很不直观，所以我们把它拆分为"丿、目"。

④能散不连：笔画和字根之间，字根和字根之间的关系，可以有"散、连、交"三种。但有时一个汉字拆成的几个部分都是"复笔"（字根都不是单笔画），它们之间的关系常常在"散"和"连"之间，模棱两可，如：占、卜、严、像这样既能"散"，又能"连"时，五笔规定，只要不是单笔画一律按"能散不连"判别。这样的字还有"足、充、首、左、布、页、美、易、麦"等。

⑤能连不交：当一个字既可拆成相连的几个部分，又可拆分成相交的几部分时，我们认为"相连"正确。如：开可拆分为"一、卅"，拆分时还要注意：一个笔画不能割断在两个

字根之间。如：果：应为"日、木"。

拆分口诀为：单勿需拆、散拆简单、难在交连、笔画勿断、能散不连、兼顾直观、能连不交、取大优先。

不同的汉字拆分后的字根数目不一，五笔字型对此做了如下规定：

●满足四个字根的汉字：依照顺序把四个字根的取完。如：照：日刀口灬（JVKO）。

●超过四个字根的汉字：取一、二、三、末四个字根。如：戆：立早夂心（UJTN）。

●不足四个字根的汉字规则应加末笔识别码。

"识别码"是由"末笔"代号加"字型"代号而构成的一个附加码。如：

打：编码为RSH，字根：扌、丁，最后一笔是"丨"，在2区，该字是左右结构的。左右结构的编码是1，那么这个字的末笔识别码就是21"H"。

卡：编码为HHU，字根：上、卜，最后一笔是"丶"，在4区，该字是上下结构的。上下结构的编码是2，那么这个字的末笔识别码就是42"U"。

叉：编码为CYI，字根：又、丶，最后一笔是"丶"，在4区，该字型结构是杂合型，杂合型的编码为3，那么这个字的末笔识别码就是43"I"。

关于"力、刀、九、匕"。鉴于这些字根的笔顺常常因人而异，"五笔字型"中特别规定，当它们参加"识别"时，一律以其"伸"得最长的"折"笔作为末笔。

带"框框"的"国、团"与带走之的"进、远、延"等，因为是一个部分被另一个部分包围，我们规定：视被包围部分的"末笔"为"末笔"。

"我""戋""成"等字的"末笔"，由于因人而异，故遵从"从上到下"的原则，一律规定撇"丿"为其末笔。

对于"义、太、勺"等含有"单独点"的字，属于杂合型。

2. 词语的编码规则

两字词：每字取其全码的前两码组成，共四码。如：经济：纟又氵文（XCIY）。

三字词：前两字各取一码，最后一字取两码，共四码。如：计算机：讠竹木几（YTSM）。

四字词：每字各取全码的第一码。如：科学技术：禾丬扌木（TIRS）。

多字词：取第一、二、三及末一个汉字的第一码，共四码。如：电子计算机：曰子讠木（JBYS）。

3. 简码　为了减少击键次数，提高输入速度，一些常用的字，除按其全码可以输入外，多数都可以只取其前边的一至三只字根，再加空格键输入之，即只取其全码的最前边的一个、二个或三个字根（码）输入，形成所谓一、二、三级简码。

一级简码（即高频字码）：

输入规则：所在键＋空格

二级简码：

输入规则：该字前二码＋空格

如：燕：AU　　餐：HQ　　事：GK

三级简码：

输入规则：该字前三码＋空格

如：输：LWG　　喜：FKU　　巍：MTV

241

图书在版编目（CIP）数据

计算机应用基础案例教程：Windows 7＋Office 2010/
邓泽国，周维京主编 . —北京：中国农业出版社，
2014.8
中等职业教育农业部规划教材
ISBN 978-7-109-19387-1

Ⅰ.①计… Ⅱ.①邓…②周… Ⅲ.①Windows 操作系
统—中等专业学校—教材②办公自动化—应用软件—中等
专业学校—教材 Ⅳ.①TP316.7②TP317.1

中国版本图书馆 CIP 数据核字（2014）第 170666 号

中国农业出版社出版
（北京市朝阳区麦子店街 18 号楼）
（邮政编码 100125）
责任编辑 王庆宁
───────────────
北京通州皇家印刷厂印刷 新华书店北京发行所发行
2014 年 8 月第 1 版 2014 年 8 月北京第 1 次印刷
───────────────
开本：787mm×1092mm 1/16 印张：16
字数：375 千字
定价：28.80 元
（凡本版图书出现印刷、装订错误，请向出版社发行部调换）